秒懂
剪映应用技巧

博蓄诚品　编著

全国百佳图书出版单位
化学工业出版社
·北 京·

内容简介

本书以图解的形式循序渐进地对剪映的应用技巧进行了讲解，帮助读者快速掌握利用剪映进行短视频剪辑与制作的要领。

全书共8章，分别介绍了视频的基础剪辑操作，视频信息的文字处理，音频、音效的添加，高级大片滤镜的应用，爆款特效的制作，以及惊奇视觉效果的转场，并结合案例讲解不同类型短视频的制作方法。书中重难点一目了然，案例安排贴近实际需求，引导读者边学习边思考边实践，让读者不仅知其然，更知其所以然。

本书采用全彩印刷，版式活泼，语言通俗易懂，配套二维码视频讲解，学习起来更高效便捷。同时，本书附赠了丰富的学习资源，为读者提供高质量的学习服务。

本书非常适合视频内容创作者、视频剪辑爱好者、新媒体运营人员等阅读，还可作为职业院校及培训机构相关专业的教材及参考书。

图书在版编目(CIP)数据

秒懂剪映应用技巧 / 博蓄诚品编著. —北京：化学工业出版社，2023.3
ISBN 978-7-122-42706-9

Ⅰ.①秒… Ⅱ.①博… Ⅲ.①视频编辑软件 Ⅳ.①TP317.53

中国国家版本馆CIP数据核字(2023)第012234号

责任编辑：耍利娜　　文字编辑：吴开亮
责任校对：李　爽　　装帧设计：尹琳琳

出版发行：化学工业出版社（北京市东城区青年湖南街13号　邮政编码100011）
印　　装：天津市银博印刷集团有限公司
880mm×1230mm　1/32　印张9　字数260千字　2023年7月北京第1版第1次印刷

购书咨询：010-64518888　　售后服务：010-64518899
网　　址：http://www.cip.com.cn
凡购买本书，如有缺损质量问题，本社销售中心负责调换。

定　价：59.80元

前言

PREFACE

你以为那些优质的短视频都是用专业的剪辑软件做出来的吗?

你以为只有专业的剪辑师才能做出好的视频吗?

答案：不是!

虽然专业的剪辑软件能够制作出优质的视频，但对于短视频来说有些大材小用。如果你对视频后期感兴趣，又不知从何学起，建议你可以先从剪映APP起步，相信它会给你带来满满的成就感。

1.本书内容安排

这是一本剪映快速入门的图书。本书以认识→了解→掌握→融会贯通的流程进行讲解，让读者逐步学会剪辑技法。

2.选择本书的理由

（1）看得懂，学得会

本书用通俗易懂的文字，详细解释每一个常用工具的使用方法，并以“小试牛刀”环节来加以巩固，以便让读者快速上手。

（2）知识递进，系统学习

本书从认识操作界面到各个工具的使用方法，从基础的文字添加到花字贴纸，从嘈杂的原声处理到音效添加，从平淡无奇的视频过渡到炫酷的特效转场，从基础剪辑到创意剪辑，层层递进，讲解详尽，实用易学。

（3）掌握方法，一劳永逸

本书的所有知识点与案例实操，均针对视频的后期处理。掌握这些技法，相信你与专业剪辑师的距离就不远啦！

第1章　剪映入门必修课

开始创作	一键成片	图文成片	剪同款	预览区域	时间线区域	工具栏区域	管理视频	……

第2章　剪辑：视频处理的基础操作

添加素材	素材分割	画面裁剪	画中画与切画中画	画布样式	画布模糊	添加动画	添加蒙版	……

第3章　文字：丰富视频信息

新建文本	花字效果	文字动画	文字模板	文本朗读	识别字幕	自定义贴纸	其他动画贴纸	……

第4章　音频：原声、音乐与音效

原声降噪	原声变声	音频分离	添加音效	添加录音	自然过渡	音调变速	节奏卡点	……

第5章　滤镜：打造高级大片感

人像滤镜	夜景滤镜	影视级滤镜	复古胶片滤镜	风格化滤镜	调节	混合模式	不透明度	……

第6章　美颜：视频也要美美哒

磨皮	瘦脸	大眼	白牙	长腿	小头	拉长缩短	瘦身瘦腿	……

第7章　特效：炫酷爆款效果

基础画面特效	边框画面特效	漫画边框特效	情绪人物特效	装饰人物特效	形象人物特效	片头/片尾素材包	教程分享类素材包	……

第8章　转场：惊奇视觉效果

黑白场素材库	搞笑片段素材库	空镜头素材库	节日氛围素材库	基础转场	运镜转场	幻灯片转场	遮罩转场	……

3. 学习本书的方法

第1、2章是学习的重点。这两章主要介绍剪映APP的主要功能，激发读者的学习兴趣。有兴趣，后续的学习效率才会高。在学习剪辑技法时，需按照书本的知识体系，从简单到复杂，循序渐进地学习。在理解了各种技能的用法后，需勤加练习，才能提升自己的剪辑技法。充分掌握这些技法后，可参考附录，对剪映专业版进行学习，这样就能无障碍地使用不同剪映版本来操作。

特别提示：本书基于移动端剪映2.8（版本号）编写而成，从书稿编写到出版需要一段时间，版本的更新会使操作界面和功能有些许出入，读者可根据书中的理论与操作提示，举一反三即可。

4. 本书的读者对象

- ✓ 视频内容创作者；
- ✓ 视频剪辑爱好者；
- ✓ 新媒体运营人员；
- ✓ 在校师生；
- ✓ 公司企划宣传人员；
- ✓ 微店或网店老板。

本书在编写过程中力求严谨细致，但由于时间与精力有限，疏漏之处在所难免，望广大读者批评指正。

编　者

扫码观看本书视频

目录
CONTENTS

第 1 章 剪映入门必修课

第 2 章　剪辑：视频处理的基础操作

第3章 文字：丰富视频信息

第4章 音频：原声、音乐与音效

第 5 章 滤镜：打造高级大片感

第 6 章　美颜：视频也要美美哒

第 7 章　特效：炫酷爆款效果

第 8 章 转场：惊奇视觉效果

附　录

第 1 章 剪映入门必修课

内容导读

在学习剪映操作前，需要先了解剪映的各种功能以及剪辑术语，然后再逐步地去研究各种功能的操作。本章将对移动端剪映的基本功能、初始界面、编辑界面以及视频管理进行介绍。

学习目标

- 了解剪映基本功能
- 熟悉剪映的初始与编辑界面
- 掌握视频管理的方法

1.1 你知道的和不知道的剪映

剪映是抖音官方推出的一款视频编辑软件，如图1-1所示。该软件界面简洁美观，剪辑功能丰富多样，尤其是多种滤镜效果以及丰富的曲库资源，让零基础的读者也可以轻松剪辑出优质的视频效果。

图1-1

1.1.1 剪映可以做什么

剪映的功能多种多样，可以充当提词器、制作脚本拍摄vlog、录制搞笑或游戏视频、美化视频中的形体，还可以一键抠图抠视频、自动识别字幕、文字转语音、画中画分屏、添加水印等。

1.1.2 剪映作品效果欣赏

请扫描二维码欣赏视频。

美食探店vlog：

人物追踪遮挡效果：

视频定格拍照效果：

制作音乐播放器：

手写歌词vlog：

图1-2

1.2 剪映初始界面

打开剪映，进入初始界面，如图1-2所示，主要分为四个部分，本节将重点介绍第二部分。

第一部分主要为软件官方投稿入口、帮助中心以及参数设置。

- 帮助：点击该图标，进入帮助中心，可以查询功能介绍与常见问题。
- 设置：点击该图标，设置软件基本参数，例如自动添加片尾、意见反馈等。

第二部分主要为剪辑视频模块。

- +开始创作：进入“素材加载”界面。
- 拍摄：进入“拍摄”界面，进行拍照或拍视频。
- 一键成片：导入图片或视频，系统智能识别生成模板。
- 图文成片：输入链接或文字生成视频。
- 录屏：录制屏幕操作生成视频。
- 创作脚本：视频拍摄创作脚本与具体分镜模板。
- 提词器：输入台词，生成文案在屏幕上滚动显示。

第三部分为“本地草稿”编辑模块。

第四部分为功能菜单入口。

- 剪辑：当前初始界面。
- 剪同款：选择模板，剪辑同款。

- 创作课堂：学习剪辑教程。
- 我的：存放视频以及个人编辑资料设置界面。

1.2.1 开始创作

在初始界面中点击“+开始创作”，进入“素材加载”界面，在“照片”“视频”选项卡中选择本地的照片或视频素材，点击“添加”按钮，进入“编辑”界面。此外，在“素材加载”界面中点击“素材库”选项卡，可添加一些网络素材至视频中进行创作。

1.2.2 拍摄

可以利用现场拍摄的照片或视频来作为素材进行创作。点击“拍摄”，进入“拍摄”界面，点击（“开始拍摄”按钮），如图1-3所示，进入拍摄状态。

“拍摄”界面中的各个图标功能介绍如下：

- 设置：点击该图标设置延时拍照、显示比例、闪光灯以及分辨率参数。
- 切换镜头：切换前后置镜头。
- 美颜：设置美颜参数。
- 预览模板：选择预览模板。
- 效果：设置滤镜效果。
- 灵感：提供不同场景的镜头参考，可以一边查看左上角的小窗视频，一边拍摄素材，拍摄时小窗可以随意拖动，如图1-4、图1-5所示。

图1-3　　图1-4　　图1-5

1.2.3 一键成片

一键成片功能可将导入的照片或视频素材自动生成视频模板。点击“一键成片”按钮，加载好视频或照片素材后，系统会自动识别素材，并在屏幕下方生成多套成品模板供用户选择。用户只需点击相应的模板即可应用，如图1-6所示。

1.2.4 图文成片

图文成片是一种较为智能的创作手段。系统会根据文字内容，智能匹配图片、字幕、BGM（背景音乐）以及配音，从而生成视频。点击“图文成片”按钮，输入链接或文字后，点击“生成视频”按钮，稍等片刻，即可生成视频，如图1-7～图1-9所示。

图1-6

图文成片

粘贴链接

支持使用今日头条链接生成视频

自定义输入

输入文字内容生成视频

快速了解

图1-7

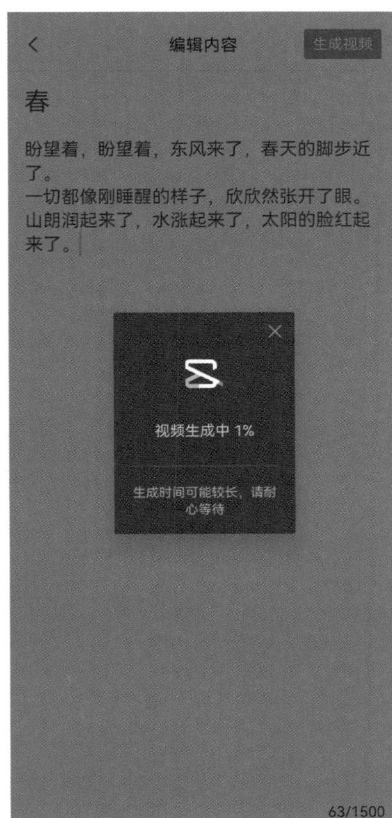

图1-8

图1-9

1.2.5 录屏

利用录屏功能可以录制手机桌面、游戏教学等各类视频，还支持音画同步，实时画外音。点击“录屏”按钮，进入到“录屏”界面，如图1-10所示。

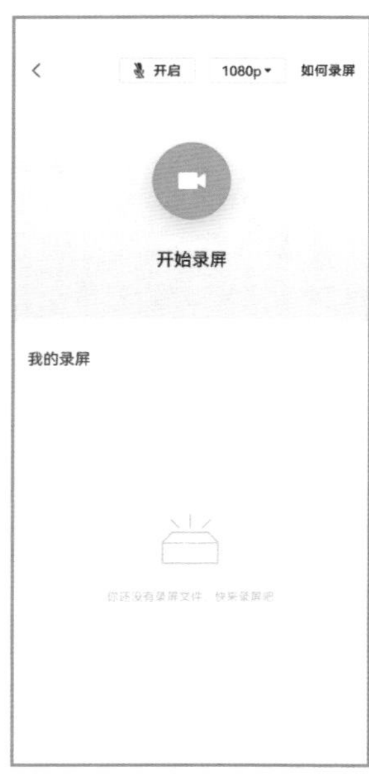

图1-10

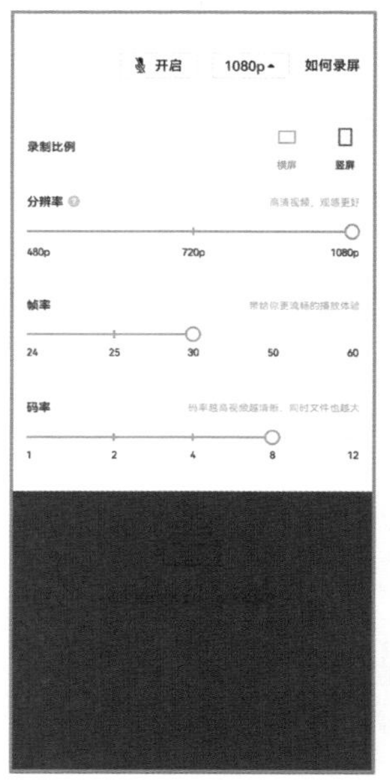

图1-11

图1-12

“录屏”界面中的各个图标功能介绍如下：

- 开启 麦克风开关：开启或关闭麦克风。
- 1080p 录屏参数：设置录屏参数，如图1-11所示。分辨率与码率越大，视频画面越清晰；帧率越大，视频画面越流畅。
- 开始录屏：点击该按钮，根据提示开启权限，录屏后可调整悬窗的显示与位置，如图1-12所示。

1.2.6 创作脚本

创作脚本功能主要为提供脚本与具体分镜模板。

点击“创作脚本”按钮，进入“创作脚本”界面，内含“vlog”“探店”“旅行”“美食”“好物分享”以及“萌宠”，如图1-13所示。选择一个创作脚本，进入“脚本结构”界面，包括视频成片预览以及具体的分镜步骤，如图1-14、图1-15所示。

图1-13

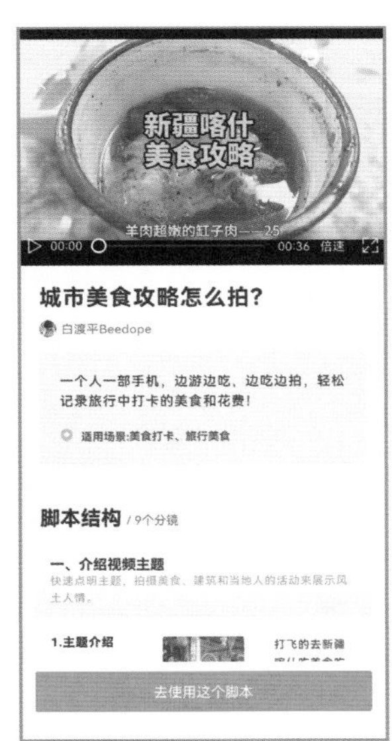

图1-14

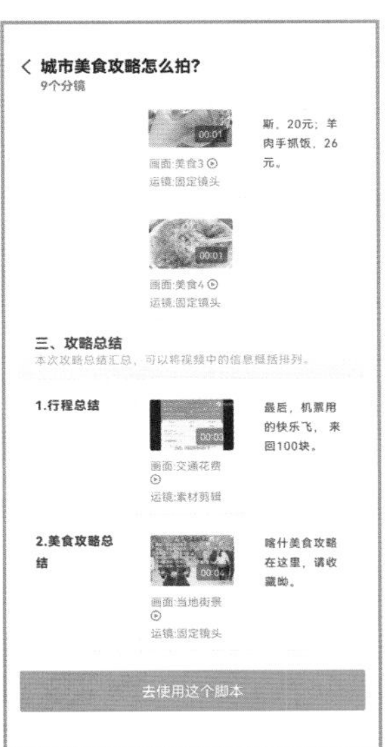

图1-15

点击“去使用这个脚本”按钮，进入到“分镜步骤”界面，如图1-16所示。点击“原视频▶”按钮，预览视频内容与拍摄建议；点击“＋”按钮，可以选择拍摄视频或从相册上传。在“点击添加台词”处可加入台词字幕，字数不宜过多，以免影响成片效果。

1.2.7 提词器

提词器功能为帮助用户记忆台词。为拍摄一些理论较多的科普类视频提供了便利。点击“提词器”按钮，进入“提词器”界面，如图1-17所示。点击“”按钮，在“编辑内容”界面输入台词后进入“拍摄”界面，点击“”图标可对台词的内容进行更改，点击“”图标可对台词的滚动速度、字体大小以及字体颜色进行设置或者开启智能语速，如图1-18所示。

图1-16

图1-17

1.2.8 剪同款

剪同款即使用视频模板。点击“剪同款”按钮，进入到“剪同款”界面，如图1-19所示。选择任意模板，在“预览”界面中点击“剪同款”，根据提示通过“相册导入”或“直接拍摄”添加素材，如图1-20、图1-21所示。

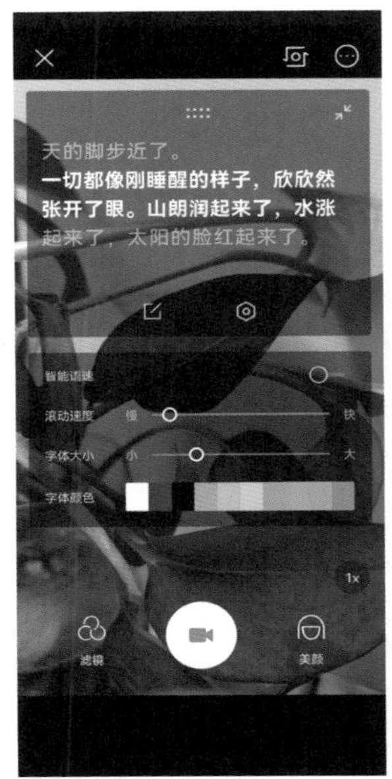

图1-18

图1-19

图1-20

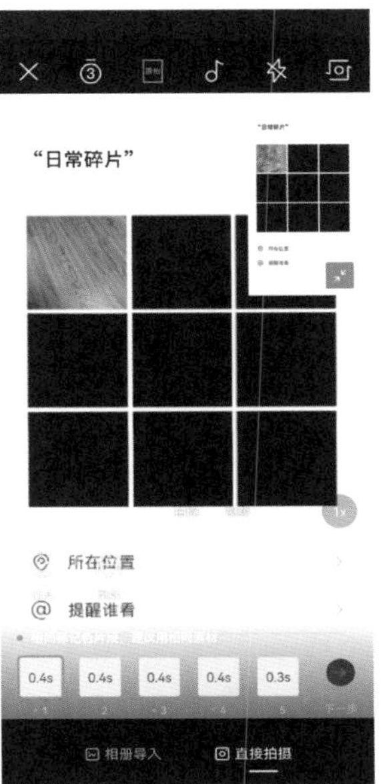

图1-21

1.3 剪映编辑界面

打开剪映，点击“＋开始创作”，导入照片或视频，进入编辑界面，如图1-22所示。编辑界面主要分为三个部分：第一部分为预览区域，第二部分为时间线区域，第三部分为“工具”栏区域。

图1-22

1.3.1 预览区域

预览区域主要是对视频进行展示的区域，如图1-23所示。

图1-23

预览区域中的各个图标的功能介绍如下：

- 00:02 / 00:09 时长：当前时长与总时长。
- 暂停/播放视频：暂停或播放视频。
- 撤销：撤销操作。
- 恢复：恢复操作。
- 全屏：全屏预览播放。

1.3.2 时间线区域

时间线区域主要显示添加的素材以及对声音、封面等参数进行设置，如图1-24所示。

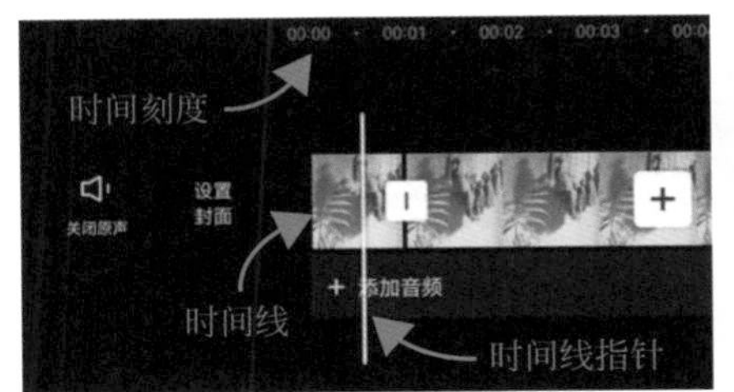

图1-24

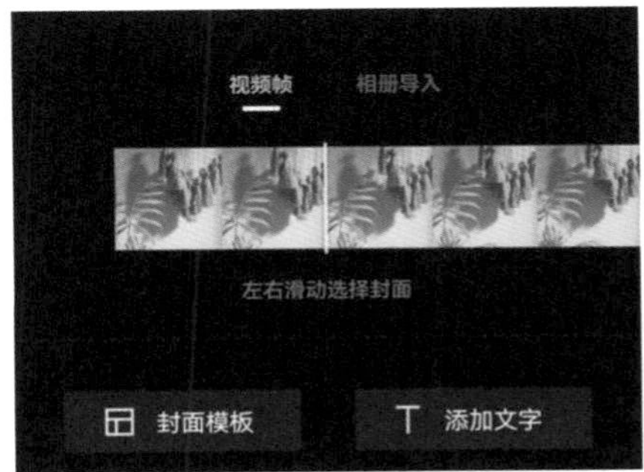

图1-25

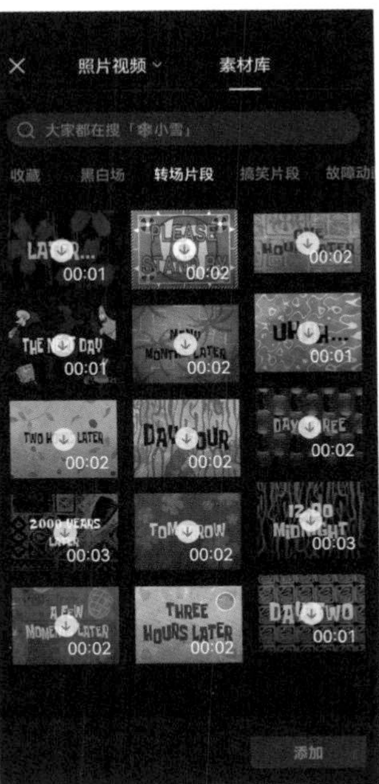

图1-26

时间线区域中的各个图标的功能介绍如下：

- 时间刻度：显示时间轴的范围。
- 时间线指针：竖直的白色直线。
- 时间线：时间线上有视频、音频轨道等。双指捏合缩放时间线的大小。
- 开启或关闭原声。
- 设置封面：点击后在弹出的菜单中滑动视频帧选择封面，或利用“相册导入”选择封面。点击“封面模板”添加封面模板，点击“添加文字”添加文字，如图1-25所示。
- 丨：间隔每段素材和添加转场。
- [+]：点击后选择“照片视频”或“素材库”添加素材，如图1-26所示。

第1章 剪映入门必修课

1.3.3 “工具”栏区域

“工具”栏分为“一级工具”栏与“二级工具”栏。不进行任何操作下，界面只显示“一级工具”栏，如图1-27所示。

图1-27

“工具”栏区域中各个图标的功能介绍如下：

- 剪辑：对视频进行剪辑，点击该图标或点击视频轨道可进入“二级工具”栏，如图1-28所示。
- 音频：添加或剪辑音频，点击该图标或点击音频轨道进入“二级工具”栏，如图1-29所示。
- 文字：添加文字信息，点击该图标进入“二级工具”栏，如图1-30所示。
- 贴纸：添加图片、emoji、动画效果贴纸等。
- 画中画：在新的轨道中添加视频或照片。
- 特效：添加画面和人脸特效。
- 素材包：添加素材模板效果。
- 滤镜：添加滤镜效果，添加后可以对该效果进行编辑调整。

图1-28

图1-29

图1-30

- 比例：设置视频显示比例，例如9：16、1：1、4：3等。
- 背景：设置“画布颜色”“画布样式”以及“画面模糊”。
- 调节：辅助滤镜对“亮度”“对比度”“饱和度”等参数进行精细调节。

1.4 视频管理

在视频管理区域中，用户可对创作的视频进行相关设置，其中包括设置视频分辨率，添加/删除视频片尾，以及管理视频草稿等操作。

1.4.1 设置视频分辨率

视频分辨率一般是在导入素材之后进行设置，在编辑界面上方，点击“1080P ▾”图标，在弹出的菜单中选择所需参数即可，如图1-31所示。分辨率越高，视频越清晰，码率越高，视频越流畅。

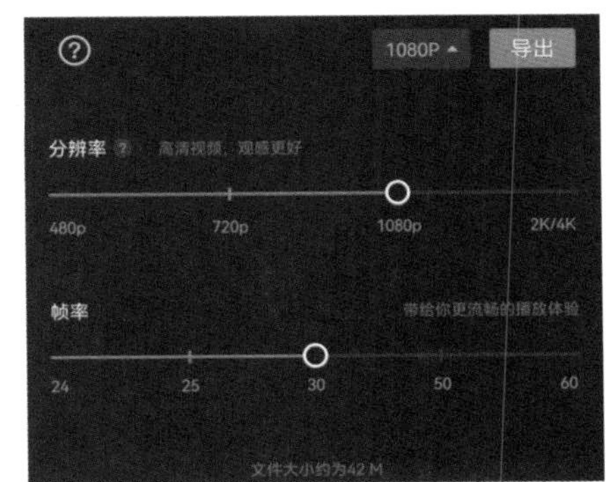

图1-31

1.4.2 添加/删除视频片尾

在初始界面中点击右上角“⬡”图标，在弹出的界面中点击“自动添加片尾”滑块按钮，在弹出的提示框中选择“移除片尾”选项，可删除片尾区域，如图1-32所示。

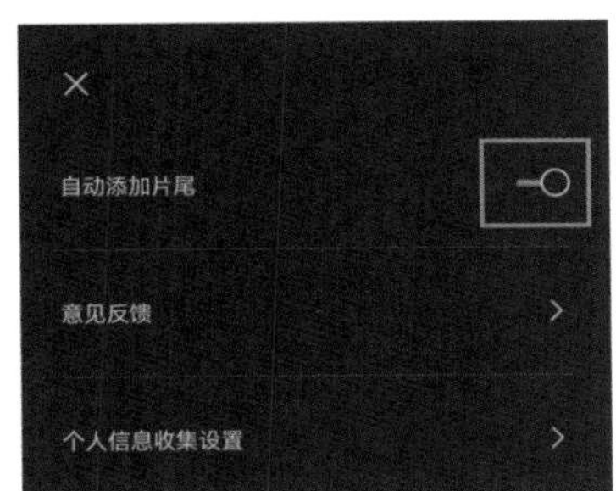

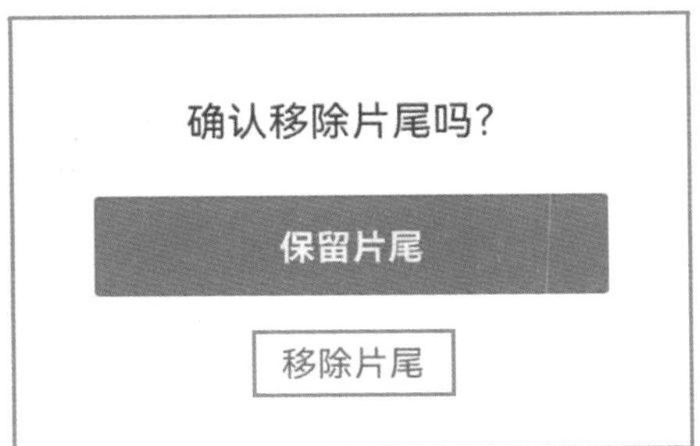

图1-32

知识链接：

当导入和导出的视频分辨率一致时，会有很好的播放体验；若导入的分辨率低，设置的分辨率高，则清晰度不会有明显的改变。

1.4.3 管理视频草稿

剪映具有实时保存功能。视频编辑完成后，只需返回到初始界面即可完成保存操作，并以草稿模式显示在“本地草稿”区域中，如图1-33所示。点击“剪映云”图标，可对草稿进行云备份。

点击“⋮”图标，在弹出的菜单中可对其进行重命名、复制草稿以及删除，如图1-34所示。若要批量删除草稿，可点击“管理”图标，选择多个视频，点击“🗑”图标删除即可，如图1-35所示。

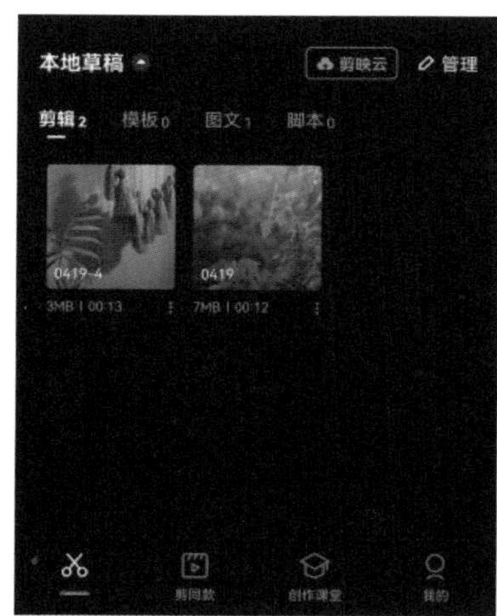

图1-33

图1-34

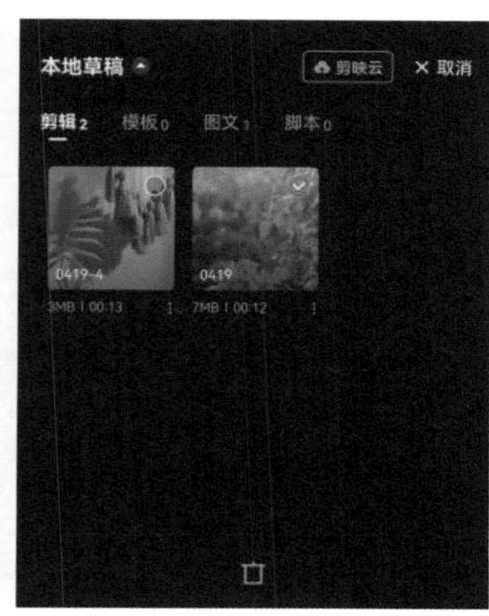

图1-35

第2章

剪辑：视频处理的基础操作

内容导读

视频处理主要包含三个方面，分别为素材处理、视频画面调整以及背景修饰。本章将着重对这三个方面的基础操作进行简单介绍。其中包含素材的添加，轨道的缩放，视频的暂停/播放、撤销/恢复，素材的分割、删除、复制、排序，以及视频的变速；素材画面显示大小的缩放、旋转、镜像、裁剪、比例调整、画中画处理；背景画布颜色、样式、模糊处理；以及视频处理进阶玩法等。

学习目标

- 掌握素材的基本处理
- 掌握画面与背景的调整
- 掌握蒙版、动画的添加
- 掌握素材的替换等进阶处理

2.1 素材处理

素材的处理包括素材的添加、逐帧剪辑、分割、复制、变速等，它是视频剪辑的第一步，也是剪辑技法的基本操作。本节将对一些常用的处理技法进行简单介绍。

2.1.1 添加素材

点击“**+**开始创作”按钮，进入“素材加载”界面，选择要加载的素材，点击“添加”按钮，可将其加载至时间线中，如图2-1所示。如要在视频中添加网络素材片段，可在“素材库”中选择，如图2-2所示。

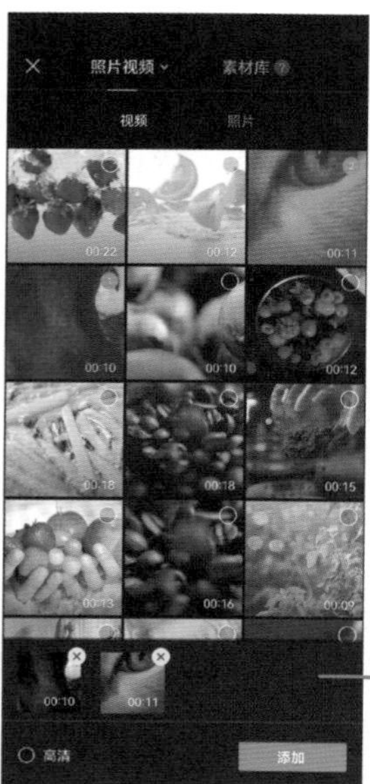

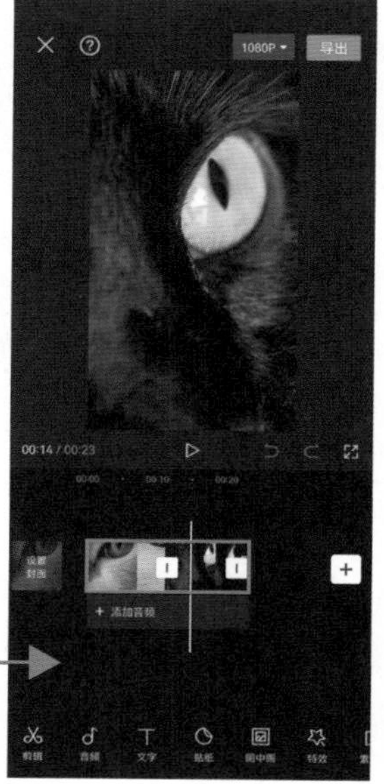

图2-1

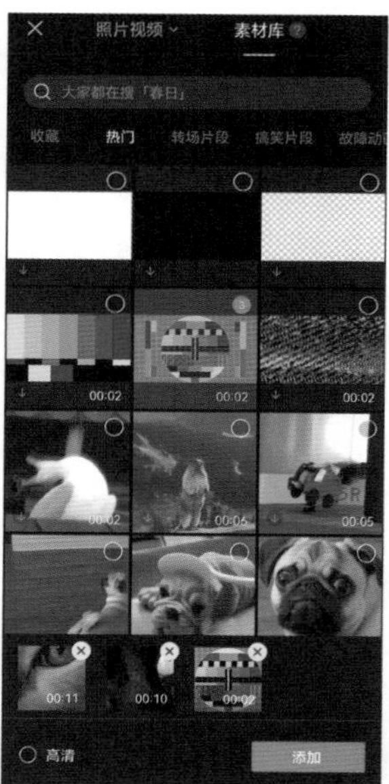

图2-2

知识链接：

选择素材时，直接点击素材缩览图，可全屏预览素材，同时还可对素材进行裁剪操作，如图2-3所示。

图2-3

（1）添加同轨道素材

在编辑界面中，若想在同一轨道中添加素材，只需点击轨道旁的“+”按钮，即可添加视频照片，如图2-4所示。

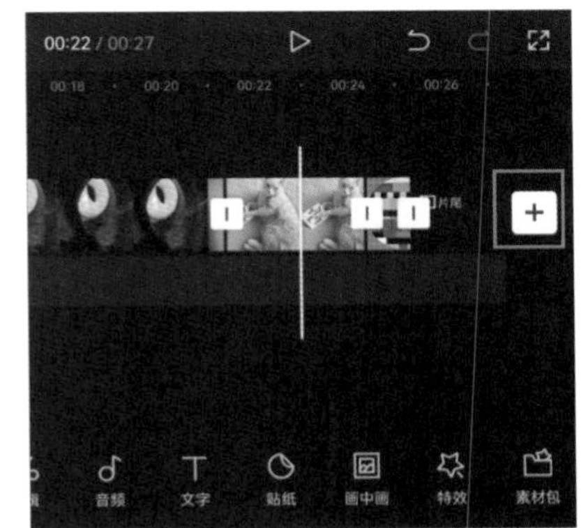

图2-4

（2）添加不同轨道素材

若在不同轨道添加素材，可实现画中画效果。拖动时间线指针确认添加的位置，在“工具”栏中点击“画中画”按钮，点击“新增画中画”，如图2-5所示。在“素材加载”界面中指定所需素材，即可将该素材添加至新轨道中，如图2-6所示。

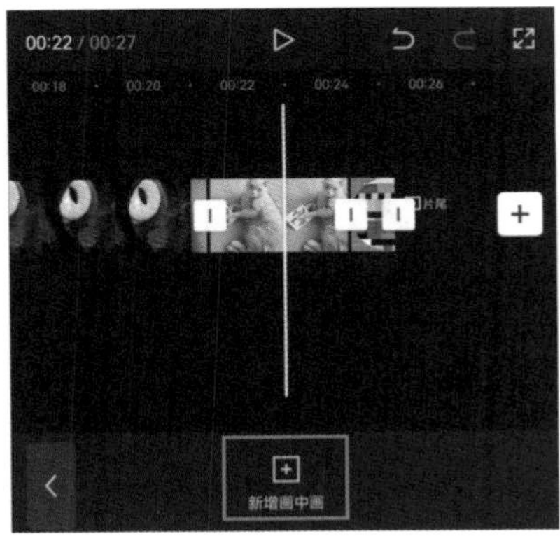

图2-5

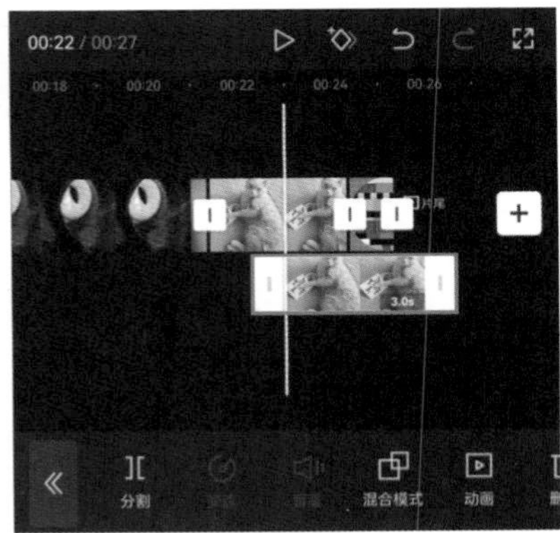

图2-6

注意事项：

在添加素材时，若时间线指针靠近素材的前半段，则将素材添加至该段素材的前方。反之，则为后方。

若在同一点添加多个视频至不同轨道，素材会以气泡或彩色线条的形式出现，如图2-7所示，点击气泡可显示素材轨道。

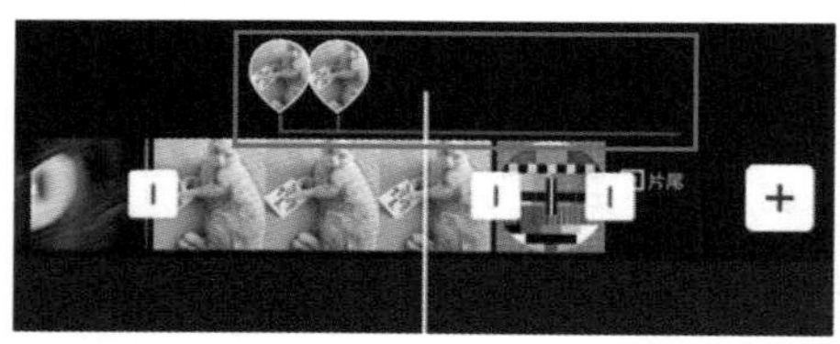

图2-7

2.1.2 缩放轨道：添加关键帧

添加素材后，可放大轨道进行精细剪辑。在轨道中双指背向滑动，可放大轨道区域，如图2-8所示；双指相向聚拢，则缩小轨道区域，如图2-9所示。放大轨道时，时间分布也会相应放大，其中00.08表示为第8秒，3f表示为第3帧。

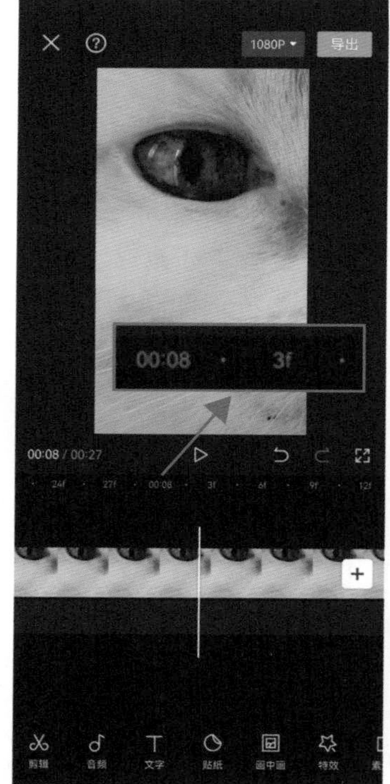

图2-8

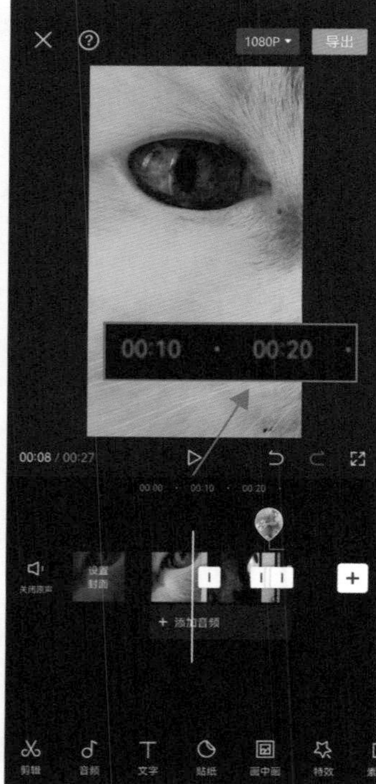

图2-9

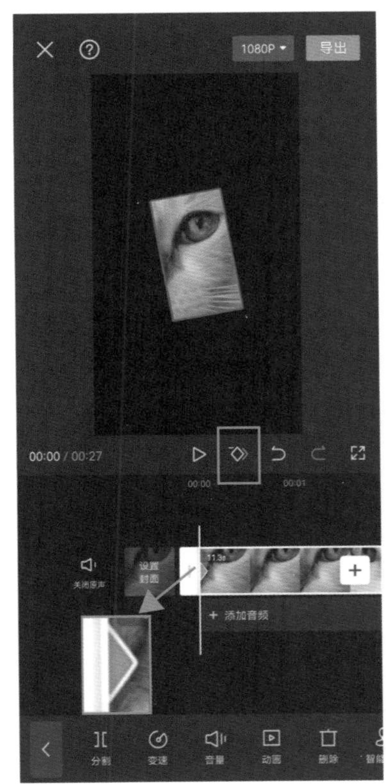

图2-10

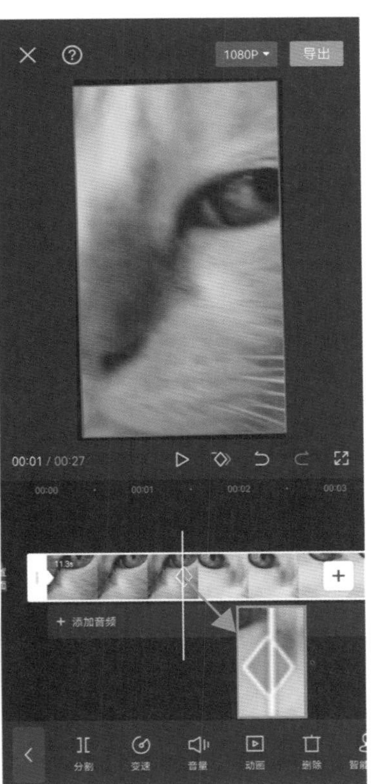

图2-11

选中并放大轨道，将时间线指针拖动至开始处，点击“”按钮，添加起始关键帧，调整画面显示，如图2-10所示；将时间线指针移动到其他位置，再次点击“”按钮，则添加结束关键帧，调整画面显示，如图2-11所示。

知识链接：

关键帧是视频画面中关键的一帧，从一个状态自动变化到另一个状态产生的运动效果。

2.1.3 暂停、播放、撤销、恢复

暂停、播放、撤销、恢复四个操作都可在预览区域内完成，它们是剪辑视频最为基础的操作技能。

（1）暂停、播放

添加视频后，视频处于暂停状态▌▌，如图2-12所示；点击播放后▷，可预览视频，如图2-13所示，再次点击即暂停。

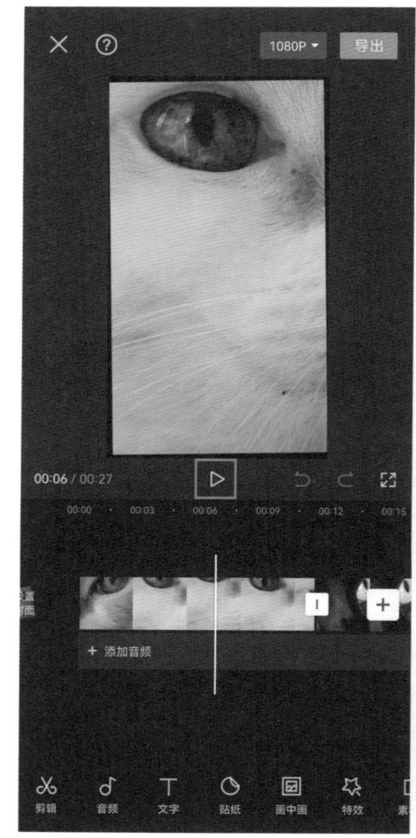

图2-12

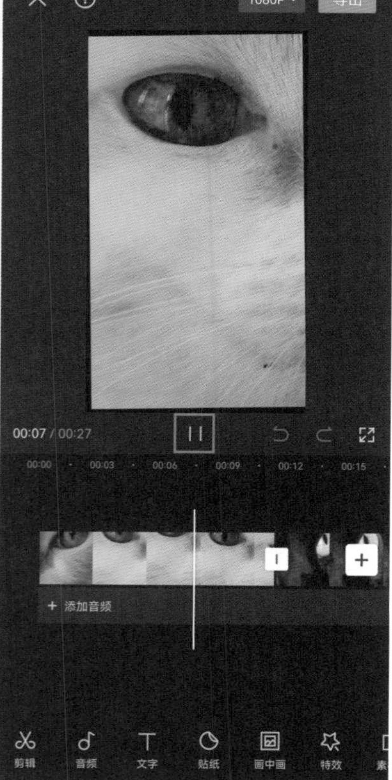

图2-13

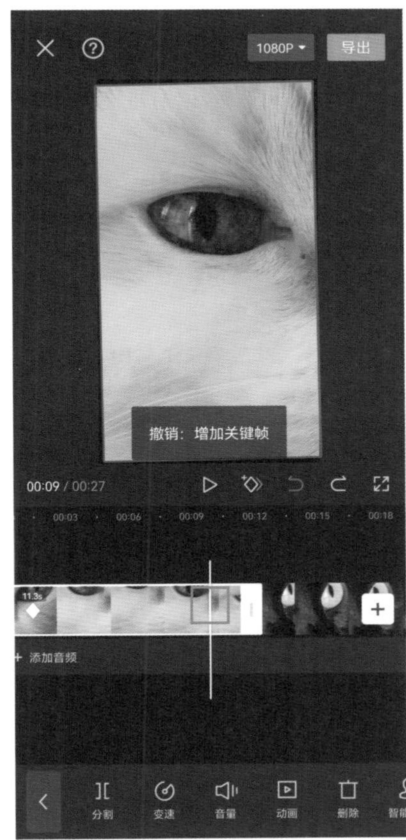

图2-14

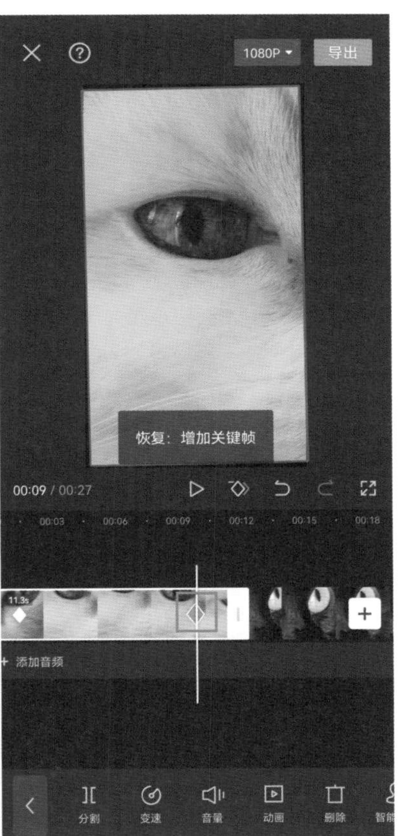

图2-15

（2）撤销、恢复

为视频添加关键帧后，激活“撤销”按钮，即可撤销添加关键帧操作，如图2-14所示；反之，激活“恢复”按钮，即可恢复添加关键帧操作，如图2-15所示。

2.1.4 分割、删除、复制、排序

若要对视频轨道中的素材进行分割、删除、复制、排序操作，则需借助“工具”栏中的相关按钮来完成。

（1）分割

选中素材片段，将时间线指针移动到需要分割的时间点，如图2-16所示，点击“分割”，即可将当前素材按时间线指针所在位置进行分割，如图2-17所示。

（2）删除

如需删除多余的素材片段，如图2-18所示，则先选中该片段，在“工具”栏中点击“删除”按钮即可。

注意事项：

如果在未选中素材时进行分割操作，则在“工具”栏中先点击“剪辑”按钮，进入“二级工具”栏，然后再点击“分割”按钮才可执行分割操作。

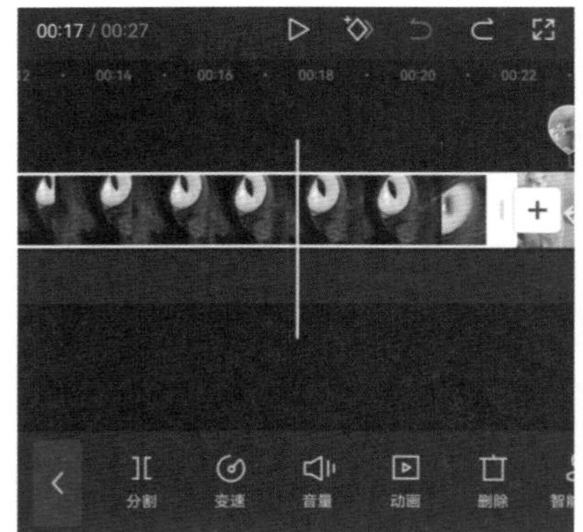

图2-16

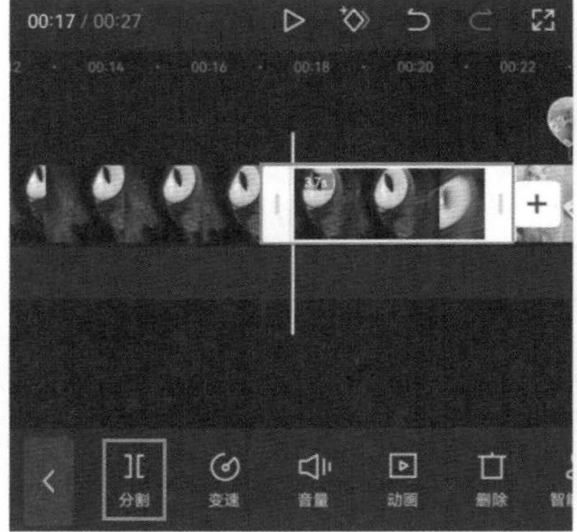

图2-17

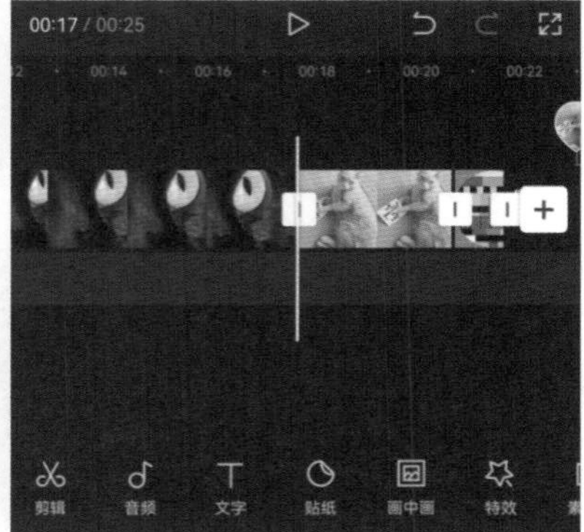

图2-18

（3）复制

选择要复制的素材片段，点击“■复制”按钮即可复制，如图2-19、图2-20所示。

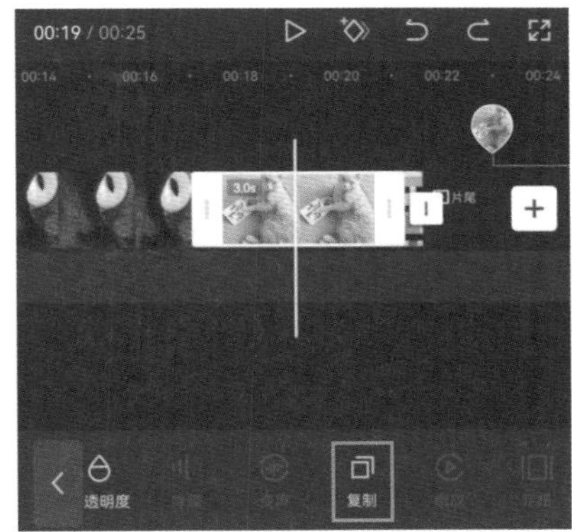

图2-19

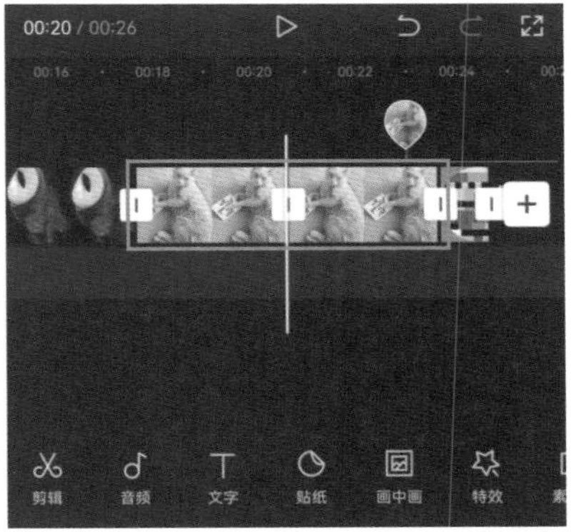

图2-20

（4）排序

如果要对视频的前后顺序进行调整，只需长按需要调整的片段，如图2-21所示，将其拖动至目标片段的前方或后方释放即可，如图2-22所示。

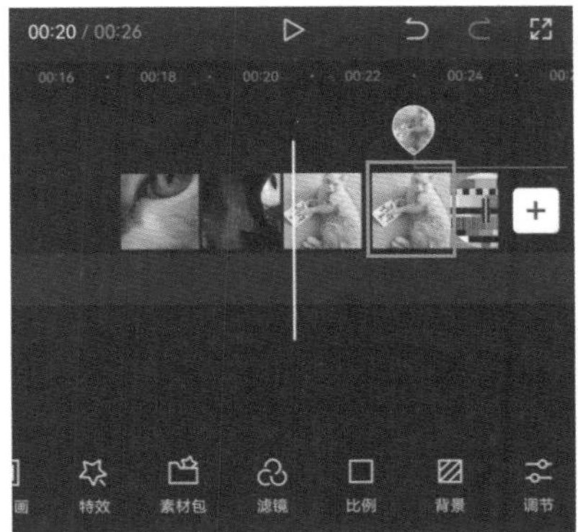

图2-21

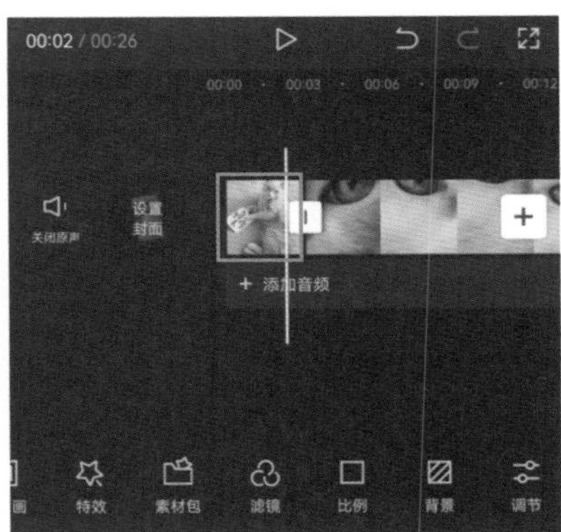

图2-22

2.1.5 变速：常规与曲线

在剪辑过程中可以对视频进行一些变速处理，从而丰富画面效果。一般情况下，快节奏音乐应搭配快速镜头；舒缓音乐则应搭配慢镜头。对长时间无变化的视频进行加速处理，要比裁剪显得更加自然。

添加并选中一段时长为24.5s的视频，在底部“工具”栏中点击“变速”按钮，如图2-23所示。此时会显示出两个变速选项，即常规变速、曲线变速，如图2-24所示。

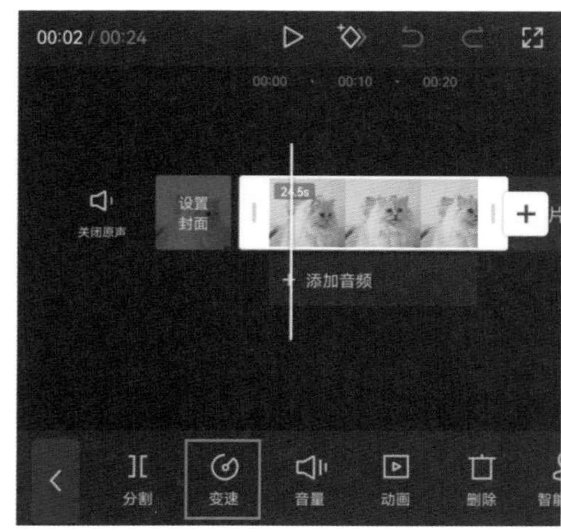

图2-23

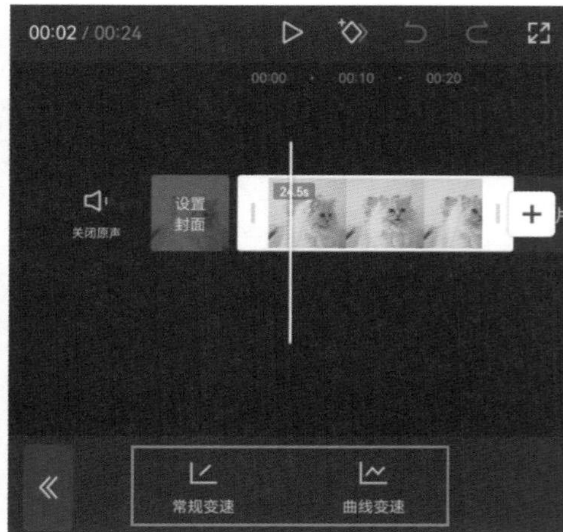

图2-24

(1) 常规变速

选择“常规变速”，打开相应的变速选项，默认的为1×，如图2-25所示。拖动“变速”按钮即可调整其播放速度。一般来说，小于1×速度变慢，时长增加；大于1×速度变快，时长减少，如图2-26所示。

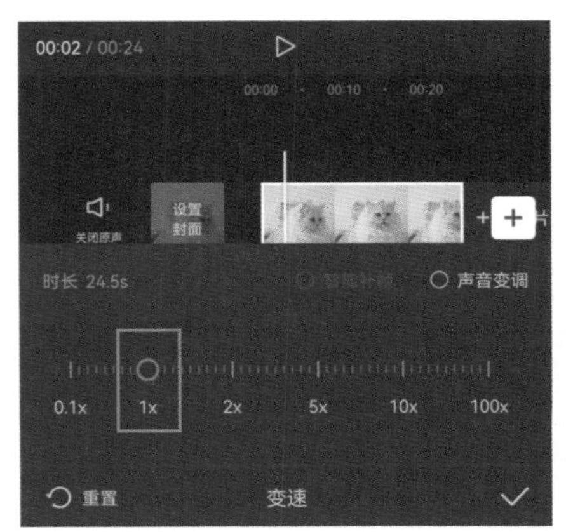

图2-25

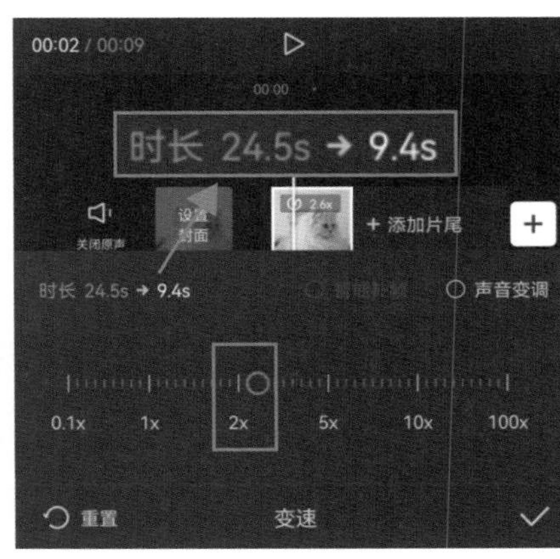

图2-26

注意事项：

勾选“声音变调”，可以将视频中的声音进行变调处理，单击“重置”快速恢复至默认值1X。

(2) 曲线变速

选择“曲线变速”，在该“选项”栏中一共有7种预设：自定、蒙太奇、英雄时刻、子弹时间、跳接、闪进以及闪出，如图2-27所示。

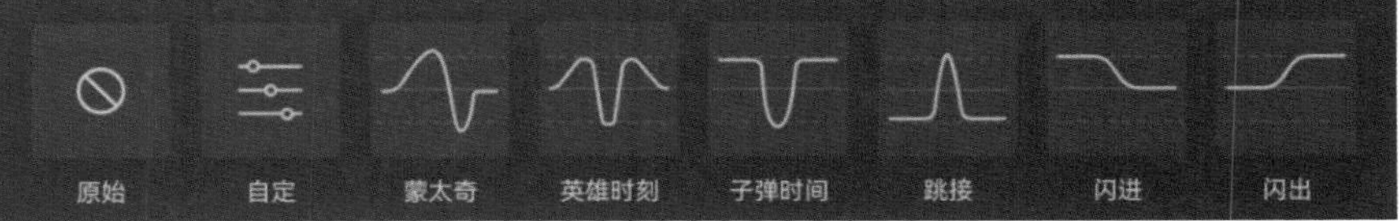

图2-27

以英雄时刻为例：

在“曲线变速”选项中选择“英雄时刻”预设自动生成效果，如图2-28所示。再次点击该按钮，进入曲线编辑面板，白色圆点为选中状态，点击“－删除点”删除点，如图2-29所示。当时间线指针在曲线上时可以点击“＋添加点”添加点，拖动曲线调整速度，如图2-30所示。

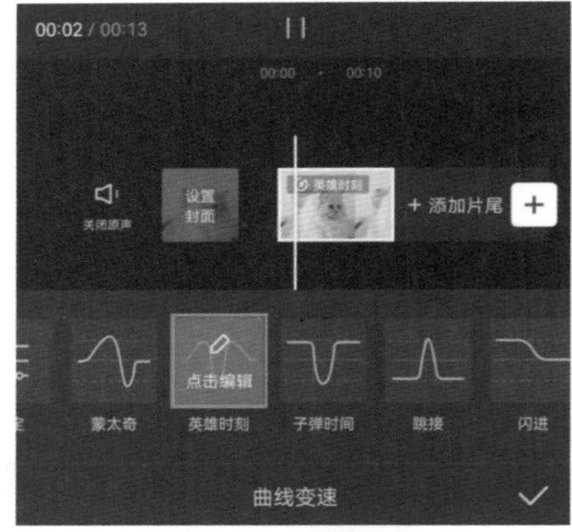

图2-28

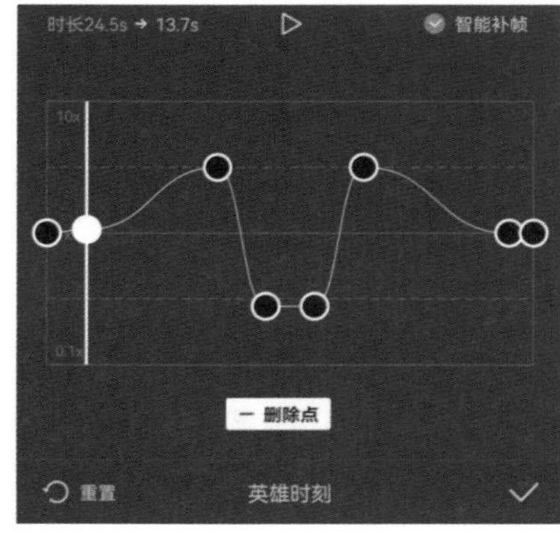

图2-29

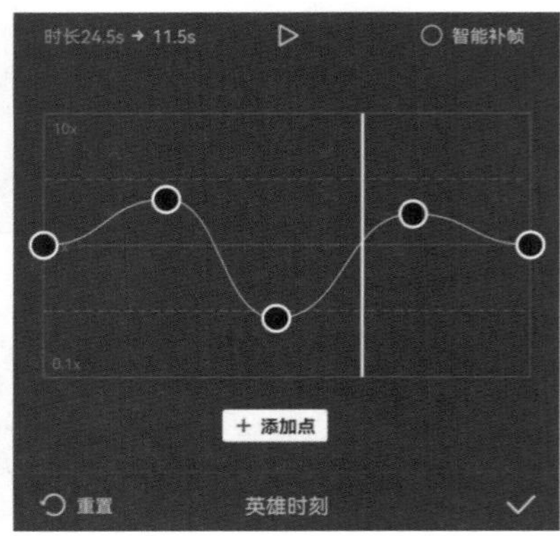

图2-30

2.2 视频画面调整

本节将对视频画面的显示状态进行调整，其中包括旋转画面、镜像画面、裁剪画面，可更改画面比例、制作画中画效果等。

2.2.1 缩放：手动调整

在视频轨道区域选中所需素材片段，如图2-31所示。

在预览区域，双指相向滑动，画面缩小，如图2-32所示；双指背向滑动，画面放大，如图2-33所示。

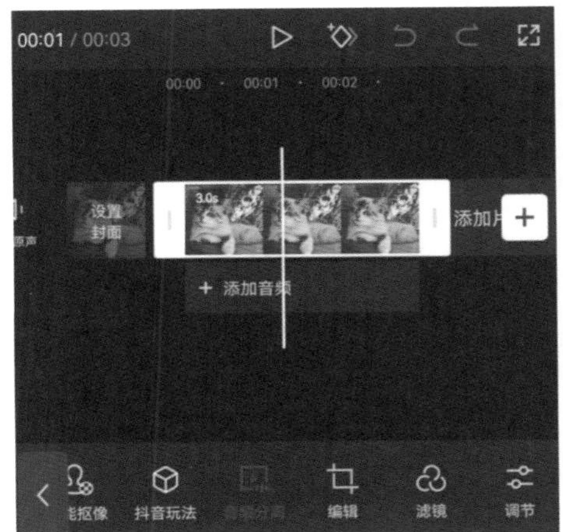

图2-31

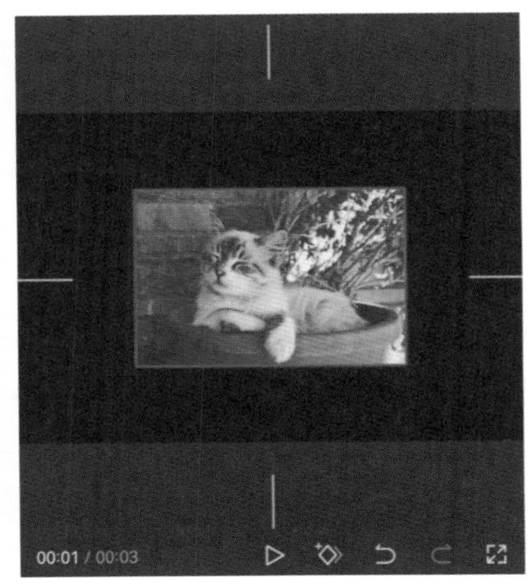

图2-32

图2-33

2.2.2 编辑—旋转与镜像

在轨道区域选中所需片段，滑动“工具”栏，找到并点击“编辑”按钮，在下一级“工具”栏中可根据需要选择“旋转”“镜像”以及“裁剪”命令，如图2–34所示。

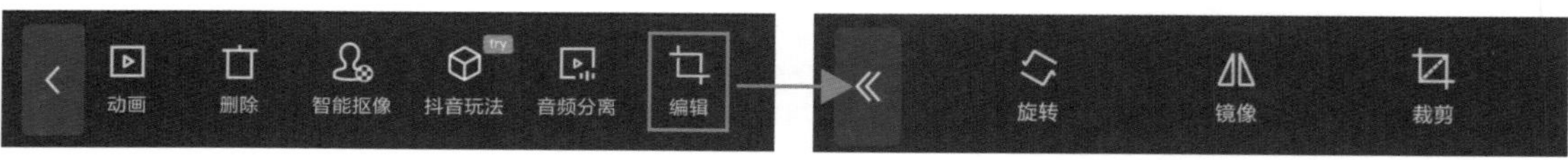

图2–34

（1）旋转

旋转可分为两种情况：一种是90°倍数旋转，另一种是自定义角度旋转。

点击“旋转”按钮，可依次进行顺时针旋转，且不会更改画面的大小，如图2–35所示为旋转180°。自定义角度旋转则是手动旋转，双指的旋转方向对应画面的旋转方向，在旋转过程中会改变画面的大小，如图2–36、图2–37所示分别为逆时针旋转349°、顺时针旋转11°。

图2–35

注意事项：

在旋转过程中，可自由移动素材，移出预览界面中的部分被隐藏。

（2）镜像

点击“镜像”按钮，将素材画面进行镜像翻转，如图2-38所示。

图2-36

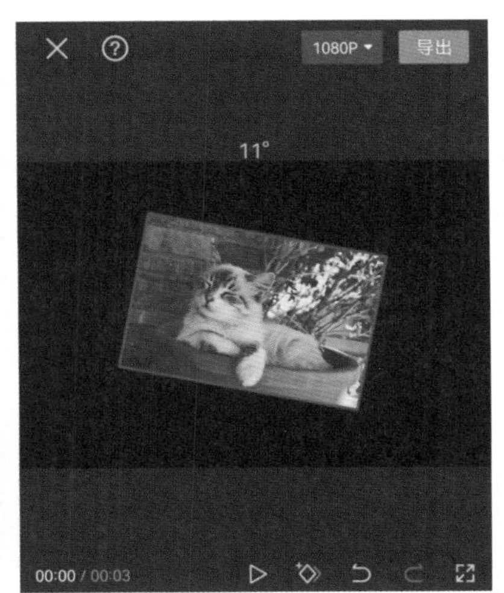

图2-37

图2-38

2.2.3 编辑—裁剪

利用裁剪功能可对画面进行二次构图。将多余的部分进行裁剪，可避免主体不突出的情况发生。

点击“裁剪”按钮，在“裁剪”界面选择裁剪的比值，此时的画面会按照该比值进行裁剪。默认情况下为“自由”裁剪模式，如图2-39所示。在“自由”裁剪模式中可拖动裁剪框，裁剪成任意比例大小，如图2-40所示；在固定裁剪比值模式中，也可拖动裁剪框，但其裁剪比例始终保持不变，如图2-41所示为1 ：1裁剪比例效果。

裁剪比值上方的刻度线主要用来调整画面的旋转角度，向左拖动滑块数值为负，逆时针旋转；向右拖动滑块数值为正，顺时针旋转，如图2-42所示为逆时针旋转。

图2-39

图2-40

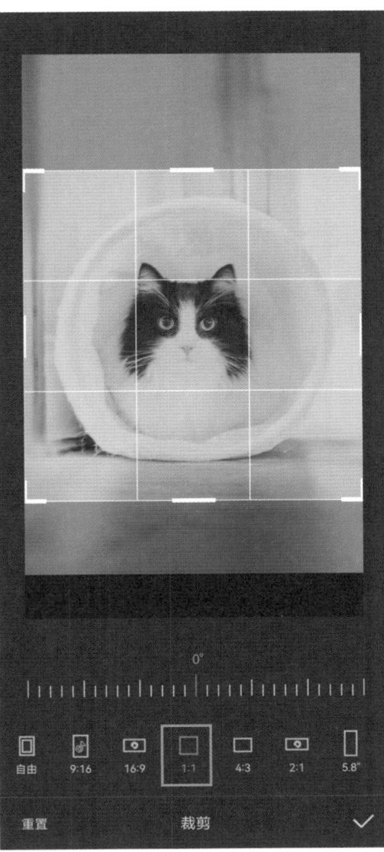

图2-41

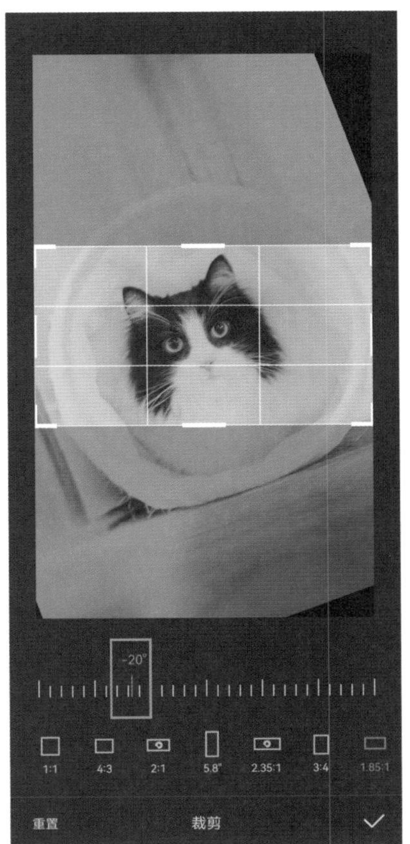

图2-42

2.2.4 画面比例

如果视频画面比例不合适，那么用户可以对其进行调整。在未选中的状态下，点击"■比例"，在该"选项"栏中可选择"原始""9：16""16：9""1：1"等多种画面比例。选择"16：9"画面比例，画布比例更改为16：9，如图2-43所示，双指缩放可调整画面，如图2-44所示。

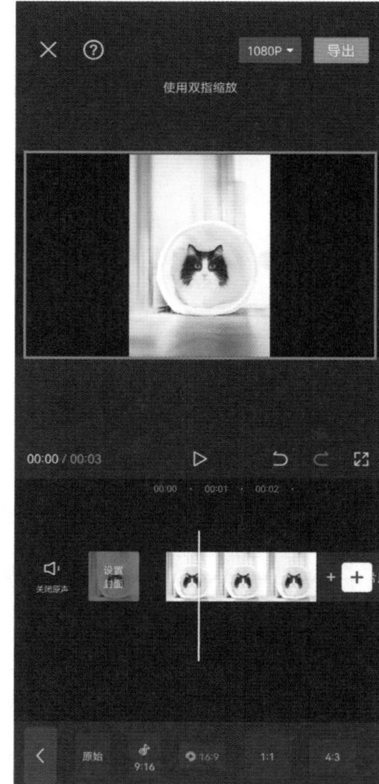

图2-43

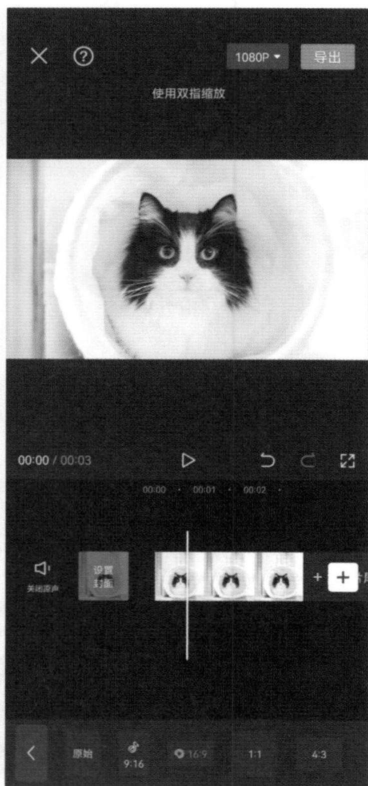

图2-44

2.2.5 画中画与切画中画

利用画中画模式可以让不同的素材出现在同一画面中，在底部"工具"栏中选择"■画中画"，点击"■新增画中画"，在"加载"界面中选择素材进行添加，默认位置为居中分布，手指缩放调整显示大小和位置，如图2-45所示。

点击“+”添加同轨道素材片段，在“工具”栏滑动点击“剪辑”→“切画中画”按钮，将同轨道切换为不同轨道，如图2-46所示。

图2-45

图2-46

小试牛刀：制作滑动进出场效果

本案例主要是通过添加关键帧、手动调整画面制作滑动进出场效果，下面将对具体的操作步骤进行介绍。

Step01 导入素材，放大轨道，将时间线指针拖动至开始，点击“◇”添加关键帧，如图2-47、图2-48所示。

Step02 将时间线指针拖动至每秒的15f处分别点击“◇”添加关键帧，如图2-49所示。

图2-47

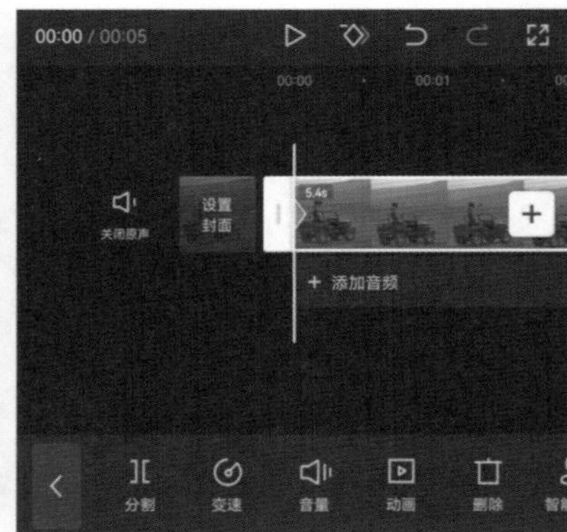

图2-48

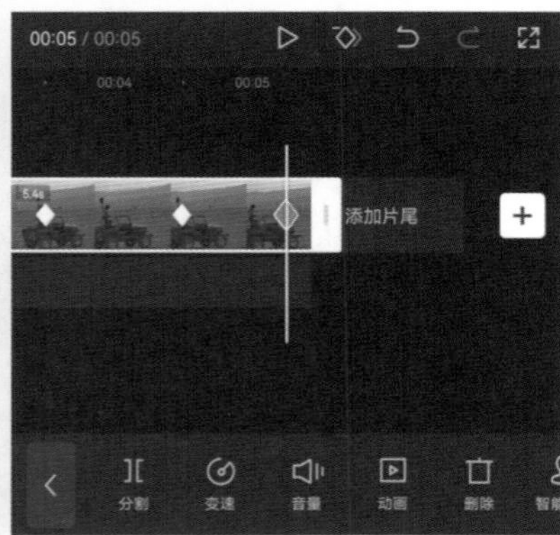

图2-49

Step03 将时间线指针拖动至开始，将画面水平移动至最左端，无显示画面，如图2-50、图2-51所示。

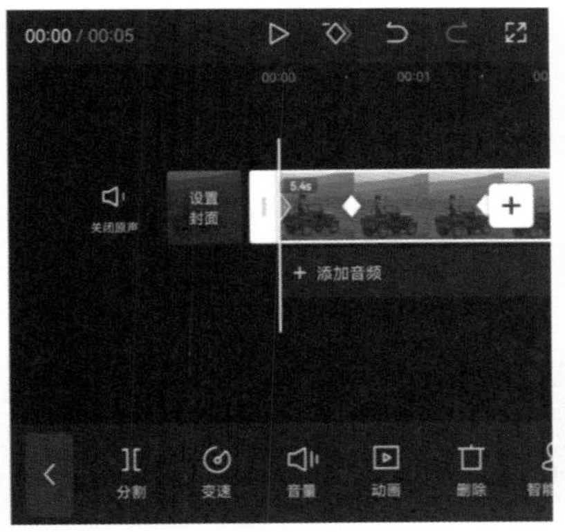

图2-50

图2-51

Step04 将时间线指针拖动至第二个关键帧处，如图2-52所示。

Step05 将画面水平向右移动，如图2-53所示。

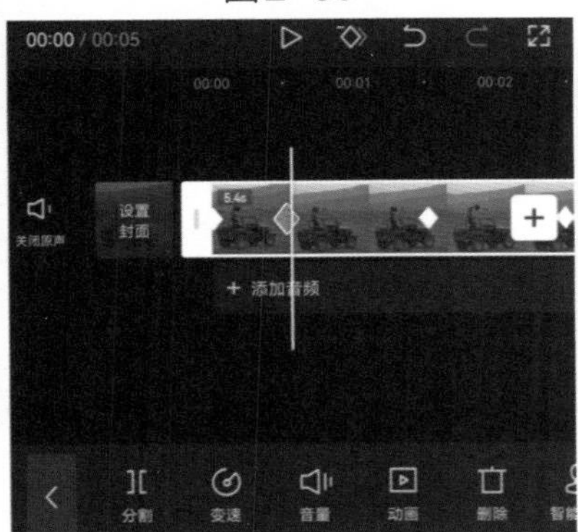

图2-52

图2-53

Step06 将时间线指针拖动至第三个关键帧处，如图2-54所示。

Step07 同样将画面水平向右移动，如图2-55所示。

Step08 重复上一步操作，依次为每个关键帧都添加相应的动作，直到将素材水平向右移出画面为止。

Step09 点击“▷播放”按钮，查看设置效果。

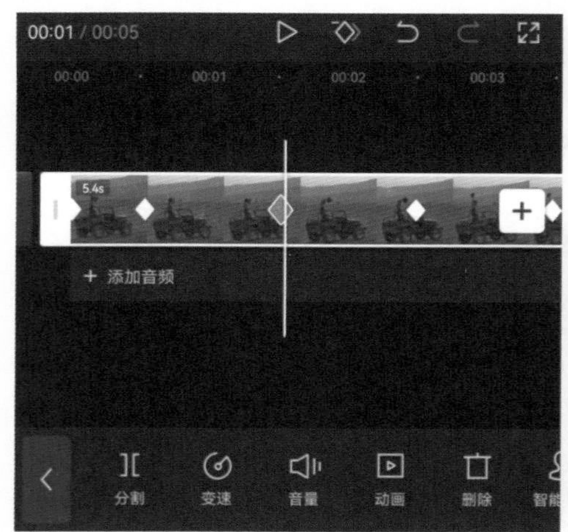

图2-54

图2-55

2.3 背景修饰

如果选用的素材比例与画布比例不相符，那势必会影响到视频的整体效果。遇到这种情况，用户可使用背景功能来修饰画布。例如，调整画布颜色、更改画布样式以及设置画布模糊等。

在“工具”栏滑动点击“背景”按钮，在“二级工具”栏中可根据需要选择“画布颜色”“画布样式”以及“画布模糊”，如图2-56所示。

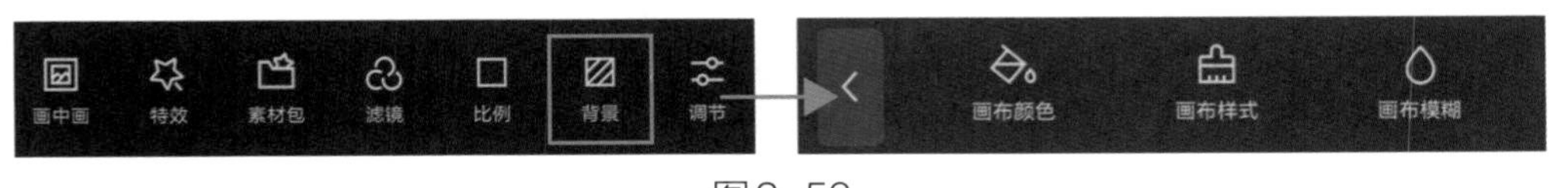

图2-56

2.3.1 画布颜色

默认情况下，画布颜色为黑色，用户可对其颜色进行调整。点击“画布颜色”，显示“画布颜色”选项栏，如图2-57所示。点击任意颜色即可填充应用；点击“”在拾色器中选取颜色进行填充，如图2-58所示；点击“”（吸管工具）可对素材画面中的颜色进行取样填充，如图2-59所示。

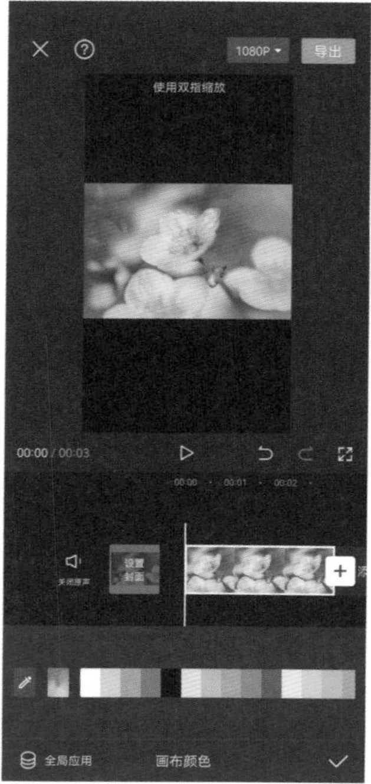

图2-57

图2-58

图2-59

2.3.2 画布样式

点击“画布样式”按钮，在“画布样式”界面中点击“”按钮，可添加自定义背景。若取消样式点击“”即可，如图2-60所示。点击任意样式即可填充应用，如图2-61所示。

2.3.3 画布模糊

点击“画布模糊”按钮，在“画布模糊”选项中可选择不同程度的模糊效果，点击即可应用，如图2-62、图2-63所示。点击“全局应用”可将该画布应用到所有素材画布样式中。

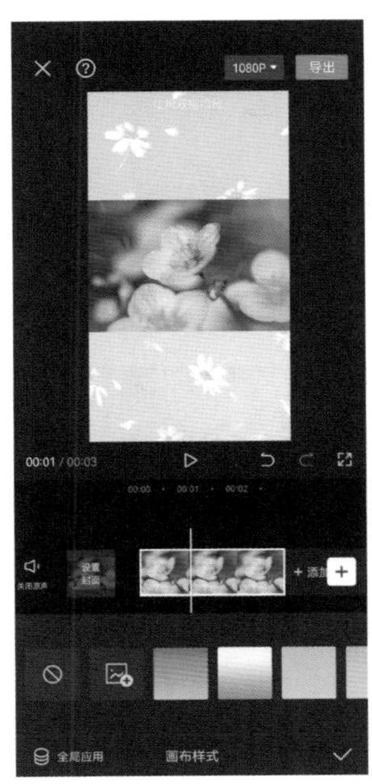

图2-60

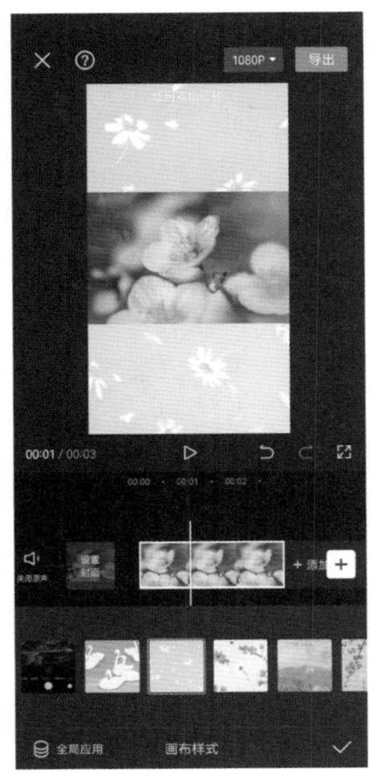

图2-61

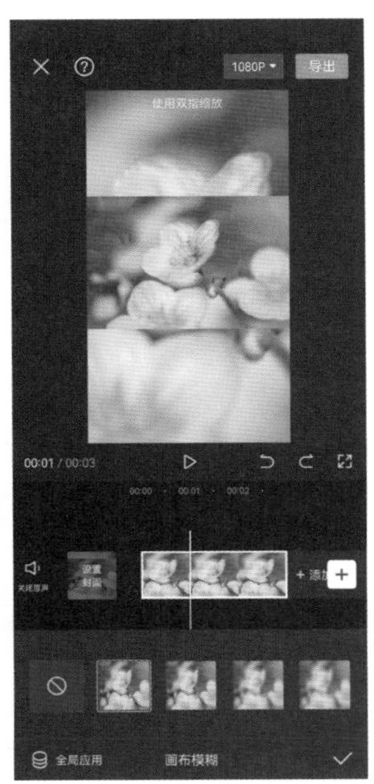

图2-62

图2-63

小试牛刀：调整画面显示

本案例主要是将横版画面比例切换为竖版，并为其添加背景修饰，下面将对具体的操作步骤进行介绍。

Step01 导入素材，如图2-64所示。

Step02 滑动“工具”栏选择“■比例”，如图2-65所示。

图2-64

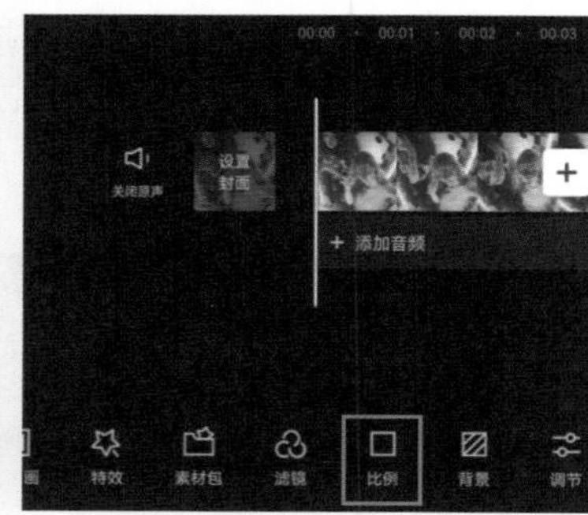

图2-65

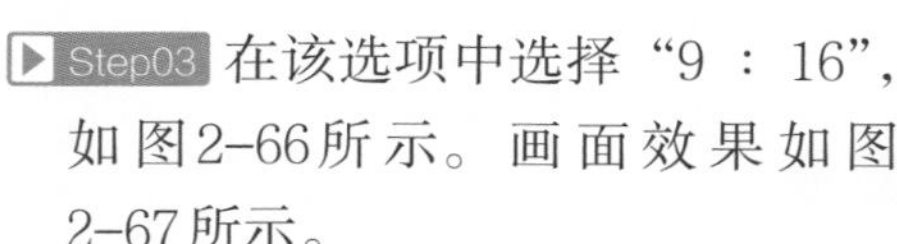

Step03 在该选项中选择“9 ：16”，如图2-66所示。画面效果如图2-67所示。

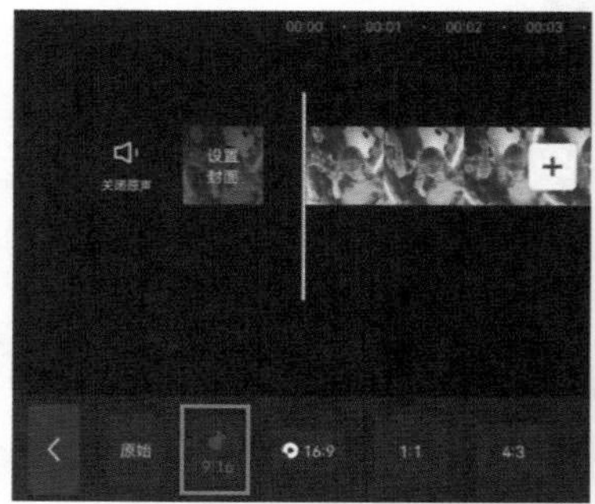

图2-66

图2-67

Step04 选中该轨道，双指放大画面显示，如图2-68所示。

Step05 依次点击“背景”→“画布模糊”按钮，如图2-69所示。

图2-68

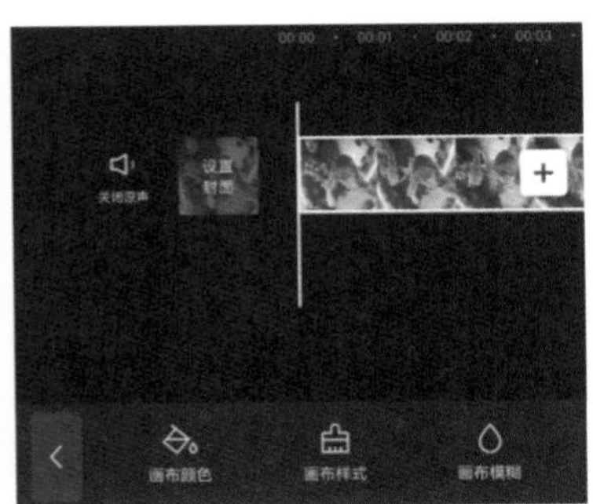

图2-69

Step06 在该界面中选择第4个模糊样式，如图2-70、图2-71所示。画布效果设置完成。

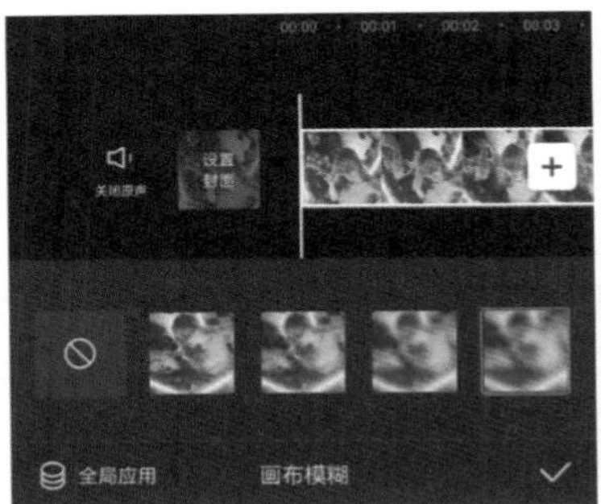

图2-70

图2-71

2.4 进阶处理

以上介绍的是视频处理的基本操作。本节将综合这些基本操作，来介绍一些常用的剪辑手法，例如动画的添加、素材的替换、倒放与定格效果的制作等。

2.4.1 添加动画

添加素材后，在“工具”栏滑动点击“剪辑”→“动画”按钮，用户可根据需要来选择“入场动画”“出场动画”以及“组合动画”这3种动画模式，如图2-72所示。

图2-72

（1）入场动画

入场动画是指素材从无到有的一个变化过程。点击“入场动画”，进入编辑界面，选择不同动画效果，点击即可应用，如图2-73所示。

（2）出场动画

出场动画是指素材从有到无的一个变化过程。其操作方法与入场动画相同，点击“出场动画”，选择出场动画效果即可应用，如图2-74所示。

（3）组合动画

组合动画是指出入场动画组合在同一个素材中使用，其效果要比单纯地使用入场和出场动画丰富得多，如图2-75所示。

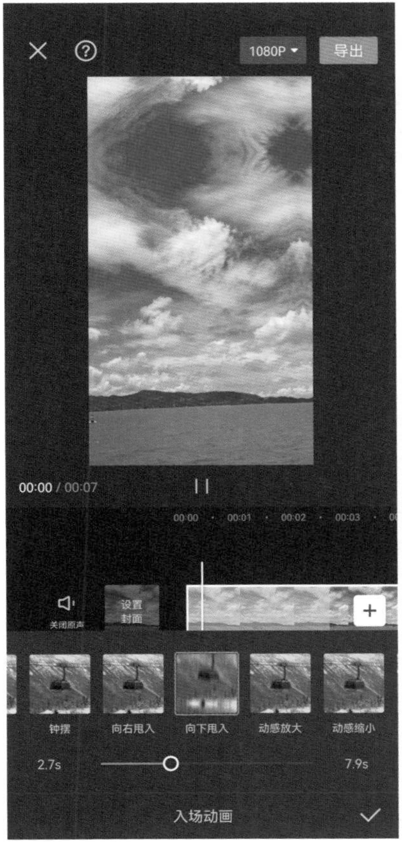

图2-73

图2-74

图2-75

2.4.2 智能抠像

利用智能抠像功能可以快速地抠除图片或视频素材中多余背景，以方便素材之间完美融合。导入素材后添加画中画，调整大小后，在“工具”栏中点击“智能抠像”，如图2-76所示，系统自动抠除背景，如图2-77所示。

2.4.3 抖音玩法

抖音玩法是剪映中特有的一项剪辑功能。它可自动识别素材内容，并迅速生成多种有趣的画面效果。画面效果丰富多样，有“摇摆运镜”“万物分割”“吃影子”“性别反转”“魔法换天”“大头”“魔法变身”等，是多数视频爱好者常用的剪辑手法。

加载素材后，在“工具”栏滑动点击“剪辑”→“抖音玩法”按钮，如图2-78所示。根据需要选择合适的效果即可应用，如图2-79所示为应用“油画玩法”的效果，显示该素材从无到有的油画效果。

图2-76

图2-77

图2-78

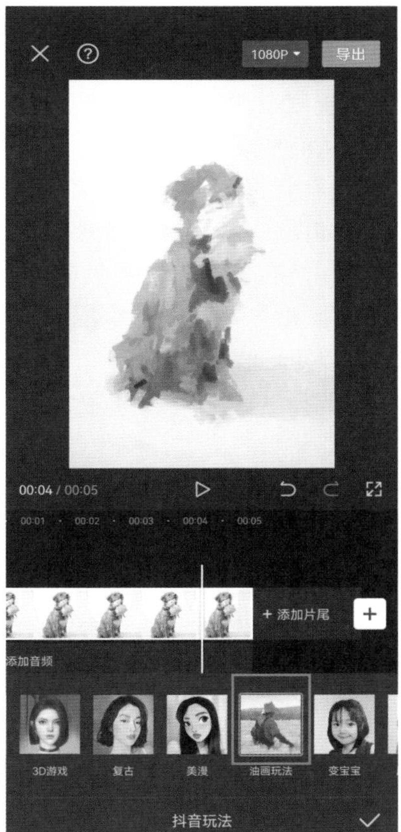

图2-79

2.4.4 添加蒙版

使用蒙版可将画面中某区域进行遮挡或显示，从而形成独特的画面效果。加载素材后，在“工具”栏滑动点击“剪辑”→“蒙版”按钮，如图2-80所示，根据需要选择蒙版形状即可应用。在剪映中，蒙版形状包含“线性”“镜面”“圆形”“矩形”“爱心”以及“星形”等。

以矩形蒙版为例：

选择“矩形”蒙版，如图2-81所示。拖动调整蒙版的位置，按住“”按钮上下拖动垂直缩放蒙版；按住“”按钮左右拖动水平缩放蒙版；按住“”按钮拖动进行矩形圆角化处理；按住“”按钮拖动对蒙版的边缘进行羽化处理，双指旋转调整蒙版方向，如图2-82所示，点击“反转”按钮，反转蒙版区域，如图2-83所示。

图2-80

图2-81

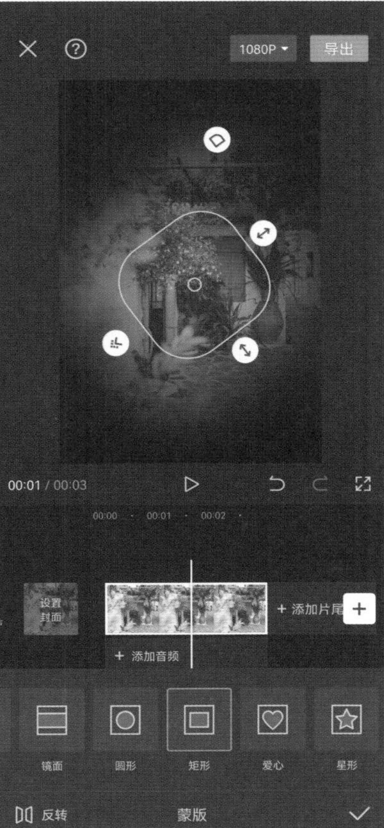

图2-82

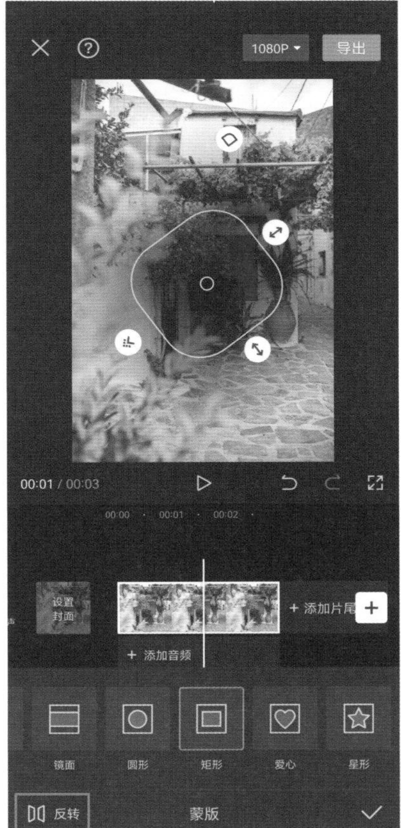

图2-83

小试牛刀：两分屏移动效果

本案例主要是使用切画中画和蒙版制作两分屏移动效果，下面将对具体的操作步骤进行介绍。

Step01 导入两段素材，如图2-84所示。

Step02 选择第二段素材，点击“切画中画”，按住该素材片段移动位置，如图2-85所示。

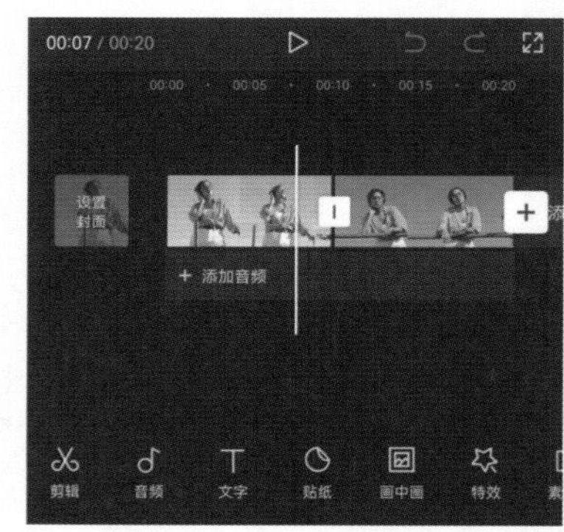

图2-84

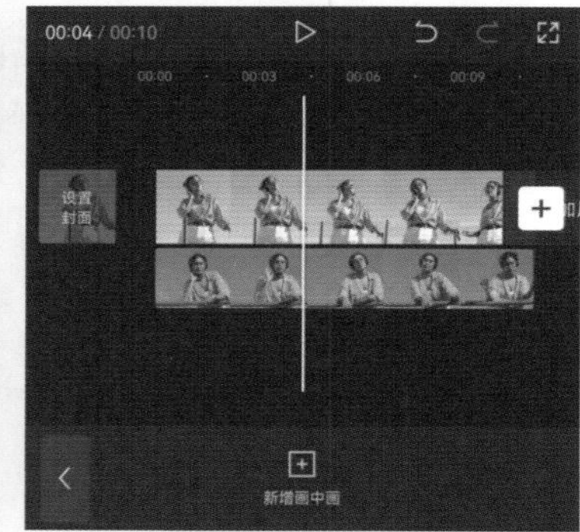

图2-85

Step03 将时间线指针移动到00:05s处，点击“”添加关键帧，如图2-86、图2-87所示。

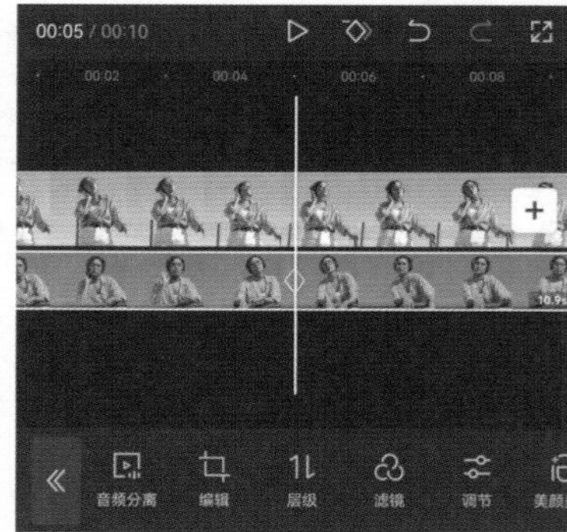

图2-86

图2-87

Step04 点击“蒙版”，添加线性蒙版并调整旋转角度为80°，如图2-88、图2-89所示。

Step05 将该素材水平向左调整显示，如图2-90所示。

Step06 选择主视频轨道，在相同的位置添加关键帧，如图2-91所示。

Step07 添加线性蒙版并调整旋转角度至100°，将素材水平向右调整显示，如图2-92、图2-93所示。

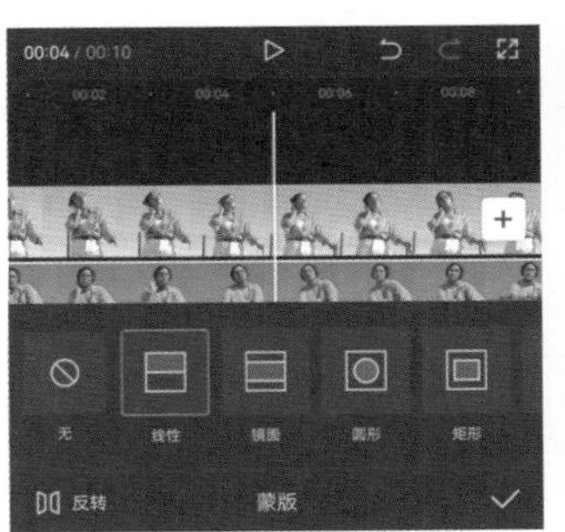

图2-88

图2-89

图2-90

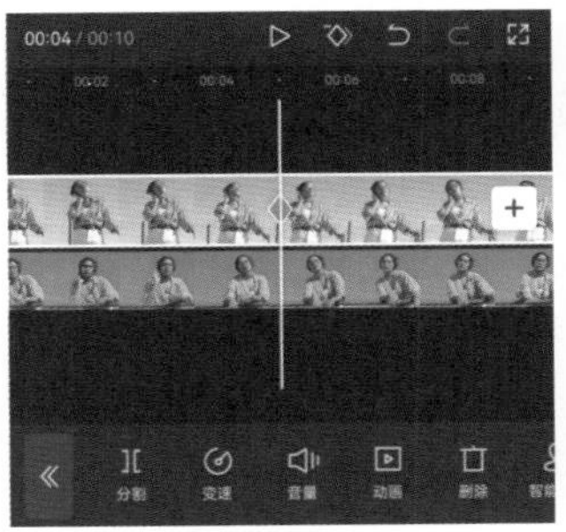

图2-91

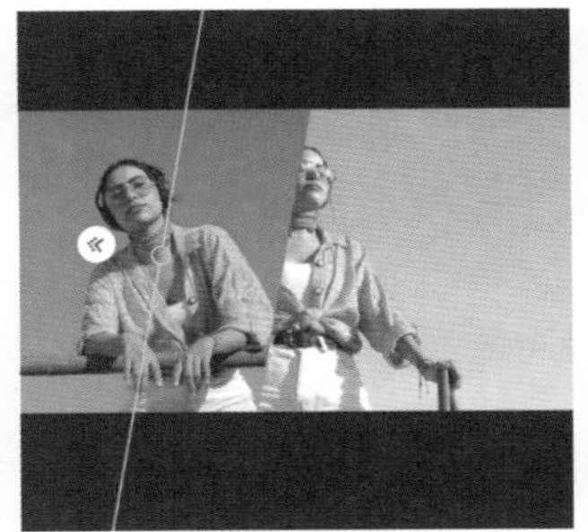
图2-92

图2-93

Step08 将时间线指针移动到00:03s的15f处，选择画中画轨道点击“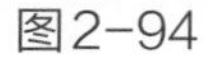”添加关键帧，如图2-94所示。

Step09 调整线性蒙版旋转角度至90°，将素材水平向右调整显示，如图2-95、图2-96所示。

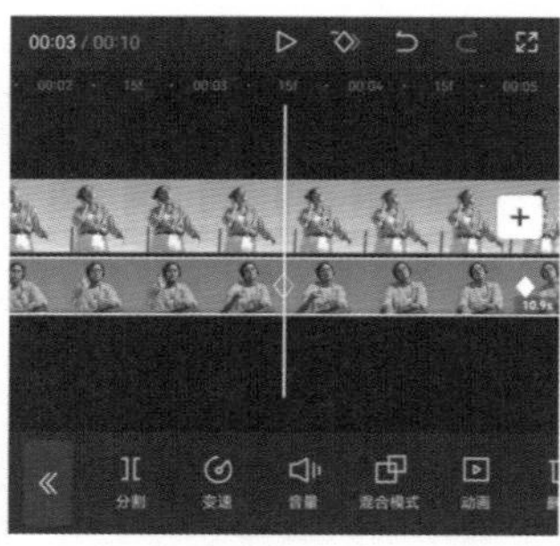

图2-94

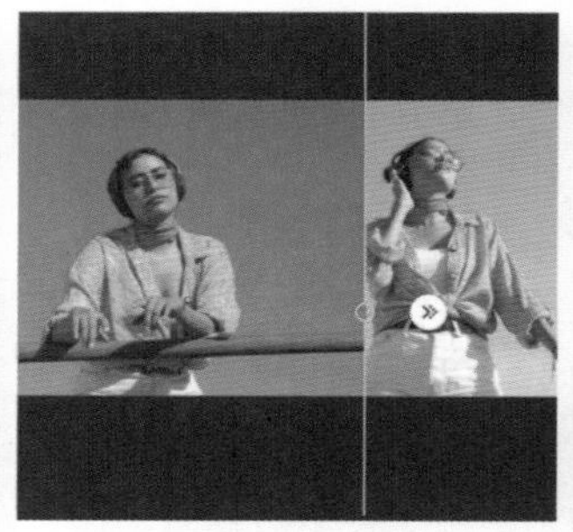

图2-95

图2-96

Step10 将时间线指针拖动到主视频末尾，如图2-97所示。

Step11 选择画中画视频轨道进行分割，删除多余部分，如图2-98所示。

图2-97

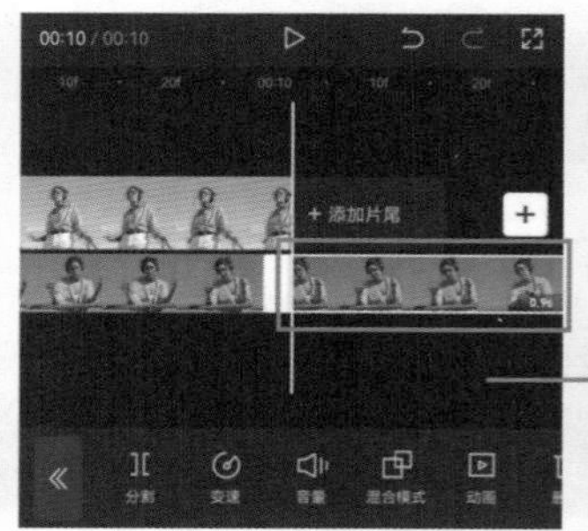

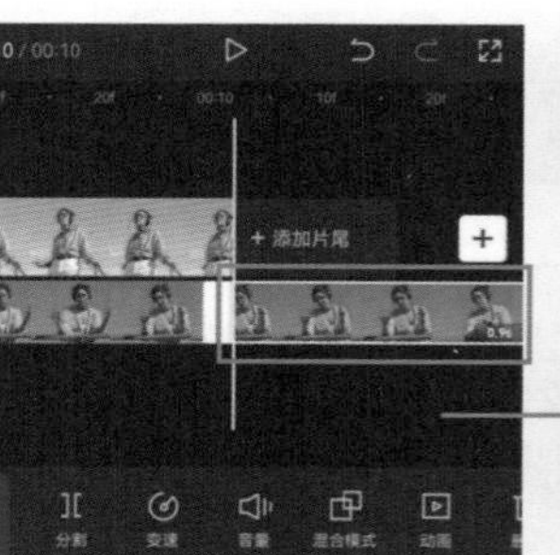

图2-98

2.4.5 色度抠图

色度抠图是指根据设置的颜色对前景进行抠除。添加素材后，在“工具”栏滑动点击“剪辑”→“色度抠图”按钮，如图2-99所示。在“取色器”状态下移动光圈确定抠取的颜色，如图2-100所示。点击“强度”按钮，拖动调整抠取的强度，如图2-101所示。点击“阴影”按钮，拖动调整抠图边缘的平滑强度，如图2-102所示。

图2-99

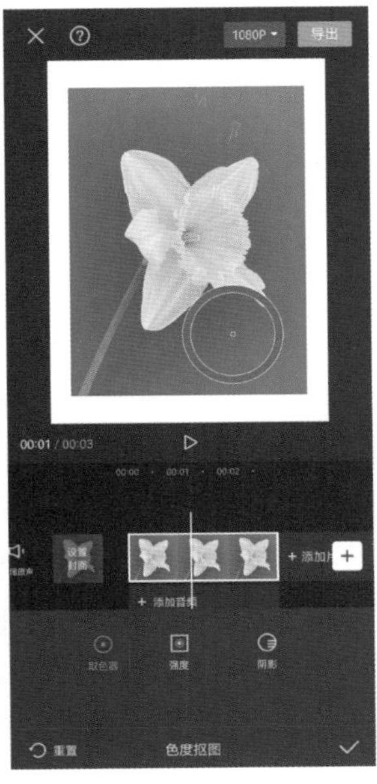

图2-100

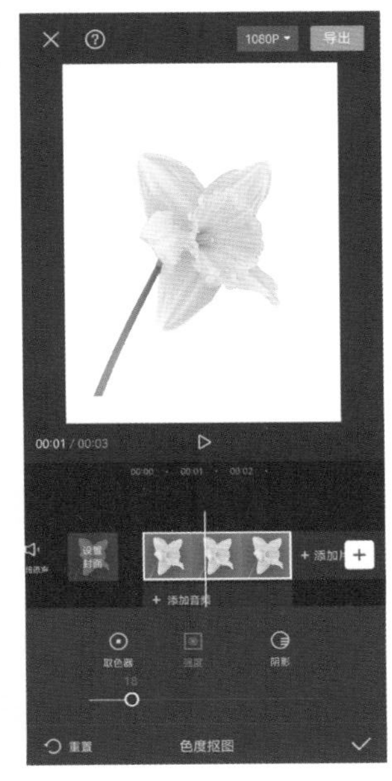

图2-101

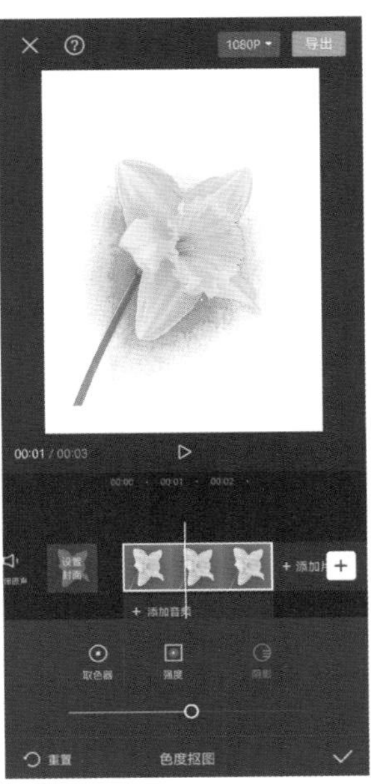

图2-102

小试牛刀：色度抠图合成视频

本案例主要是通过色度抠图将两个视频合成一个，下面将对具体的操作步骤进行介绍。

Step01 导入素材，如图2-103所示。

Step02 滑动“工具”栏点击“画中画”→“新增画中画”按钮，如图2-104、图2-105所示。

图2-103

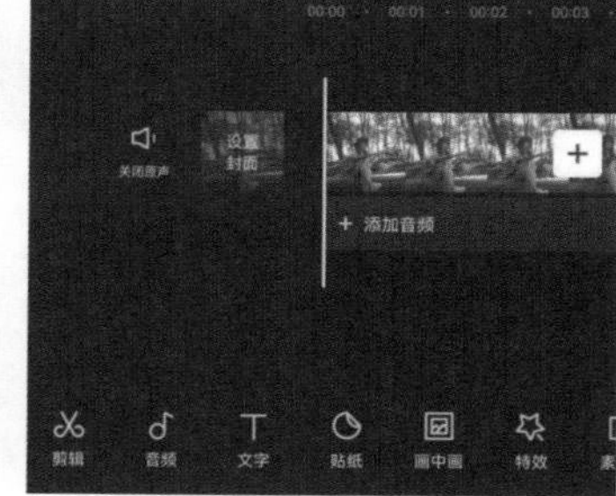

图2-104

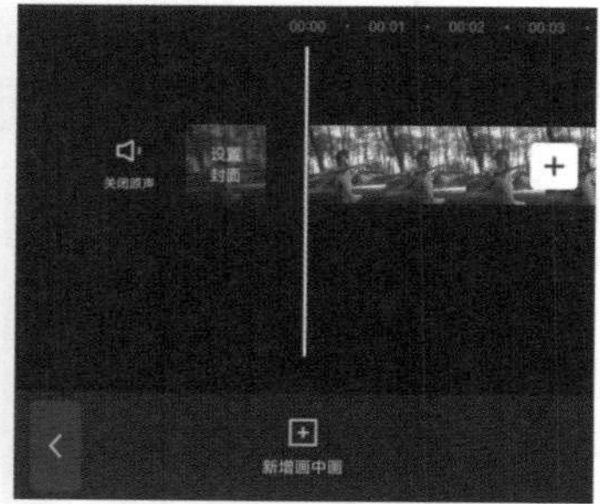

图2-105

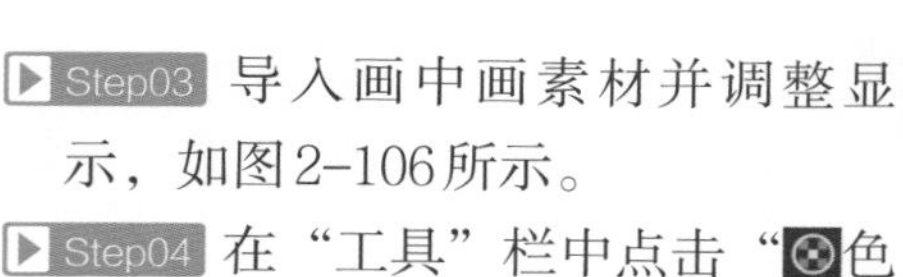

Step03 导入画中画素材并调整显示，如图2-106所示。

Step04 在“工具”栏中点击“色度抠图”按钮，如图2-107所示。

图2-106

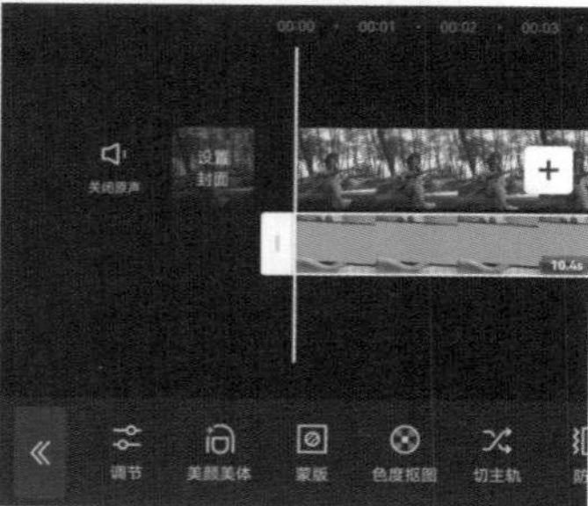

图2-107

Step05 在“取色器”状态下移动光圈确定抠取的颜色，如图2-108所示。

Step06 点击“强度”按钮，拖动调整抠取的强度，如图2-109、图2-110所示。

图2-108

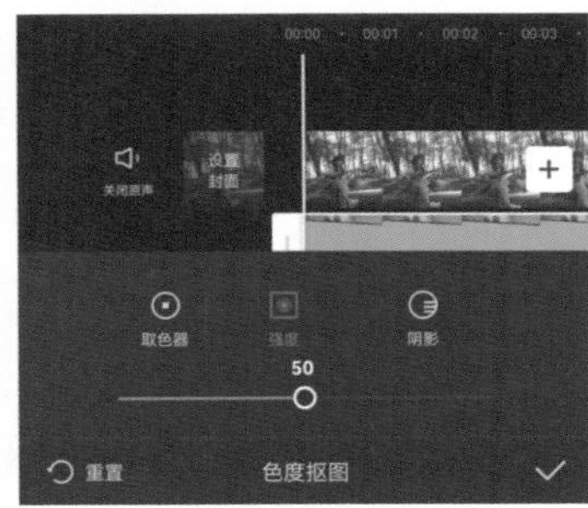

图2-109

图2-110

Step07 点击“阴影”按钮，如图2-111所示，效果如图2-112所示。

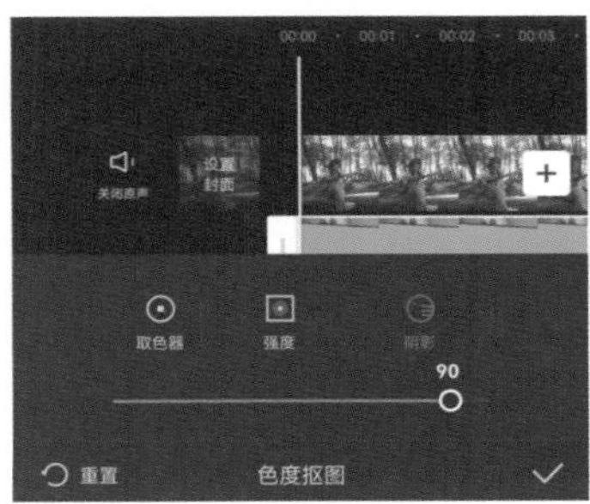

图2-111

图2-112

▶ Step08 选择主轨道视频，双指缩放调整显示，如图2-113所示。

▶ Step09 在“工具”栏中点击“◎变速”→“常规变速”按钮，如图2-114、图2-115所示。

图2-113

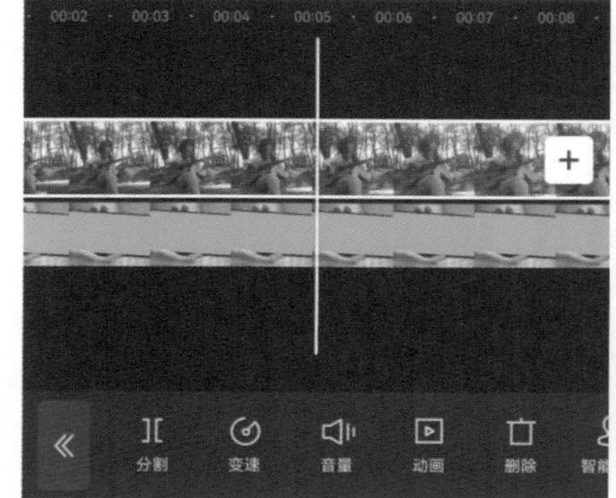

图2-114

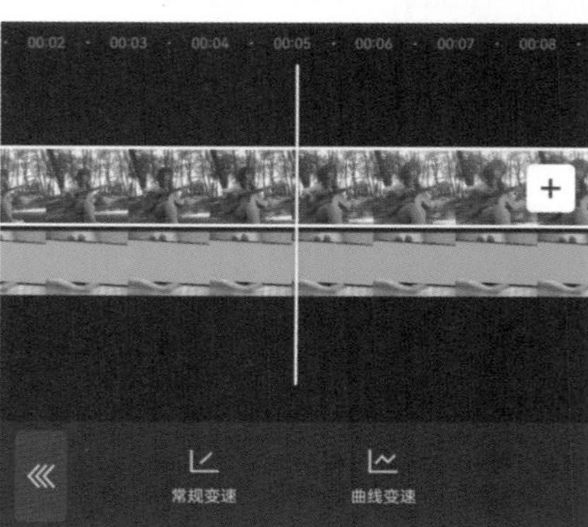

图2-115

Step10 设置播放速度为1.8×，时长变为10.8s，如图2-116所示。

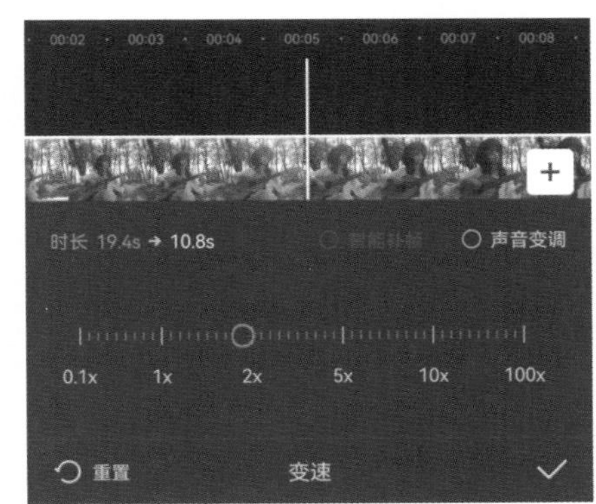

图2-116

Step11 将时间线指针移至10.4s，点击“][分割”按钮，将多余的部分删除，如图2-117、图2-118所示。点击“播放”按钮查看效果。

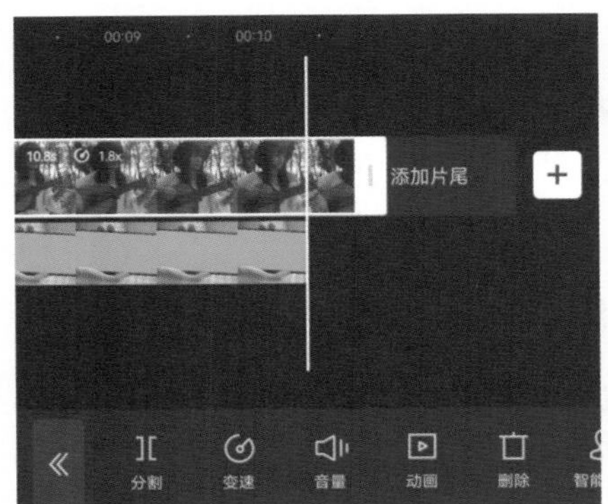

图2-117

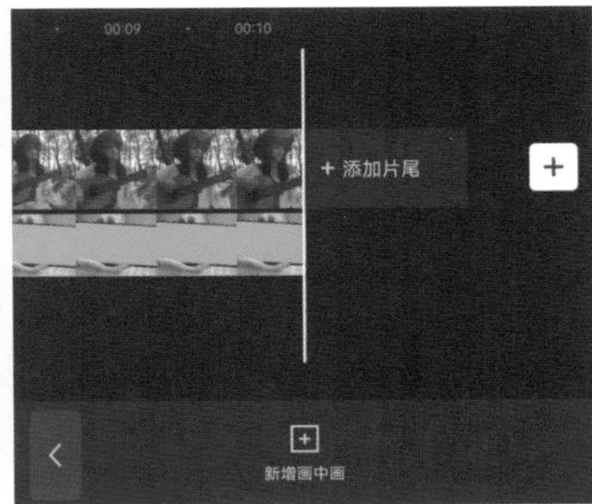

图2-118

2.4.6 替换素材

如需要更换轨道中的素材，可在“工具”栏滑动点击“剪辑”→“替换”按钮，在“素材加载”界面中选择要更换的素材即可，如图2-119、图2-120所示。

2.4.7 倒放效果

倒放是指将视频从后往前播放。巧妙地利用倒放功能可呈现出一种时光流逝的画面效果。添加素材后，在“工具”栏滑动点击“剪辑”→“倒放”按钮，系统自动将素材倒放，如图2-121、图2-122所示。

图2-119

图2-120

2.4.8 定格效果

定格是指将视频素材中某一帧画面进行凝固，从而起到突出的作用。在一段视频中巧妙地进行多次定格，并配合音乐节拍，可制作出视频卡点的效果。指定好素材中要定格的那一帧画面，在“工具”栏中点击“定格”按钮，时间线指针后方将生成时长为3s的独立静帧画面，如图2-123所示。此时用户可对其画面进行美化处理，例如添加滤镜、添加抖动效果等。

图2-121

图2-122

图2-123

2.4.9 导出视频

视频剪辑完成后，点击右上角"导出"导出，自动转到导出界面，在导出过程中，需保持屏幕常亮，不要锁屏或切换程序，如图2-124所示。导出完成后，自动保存到相册和草稿，可分享视频至抖音或西瓜视频平台，点击"完成"退出，如图2-125所示。

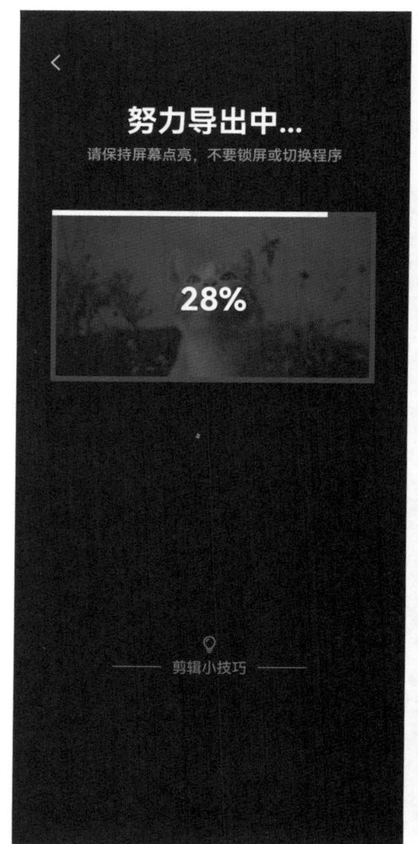

图2-124

图2-125

小试牛刀：视频定格拍照效果

本案例主要是使用定格、转场、音效以及特效制作视频定格拍照效果，下面将对具体的操作步骤进行介绍。

Step01 导入素材，如图2-126所示。

Step02 放大轨道，将时间线指针调整至合适位置，点击"定格"，如图2-127、图2-128所示。

Step03 点击"ｌ"→"基础转场"→"闪光灯"，设置时长为0.6s，如图2-129、图2-130所示。

图2-126

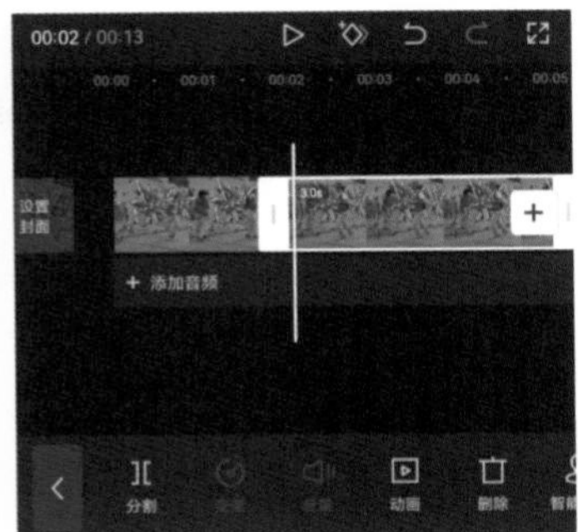

图2-127

图2-128

图2-129

图2-130

Step04 将时间线指针调整至合适位置，如图2-131所示。

Step05 依次点击“音频”→“音效”→“手机”→“手机拍照”按钮，点击“使用”使用，如图2-132、图2-133所示。

Step06 将时间线指针调整至合适位置，如图2-134所示。

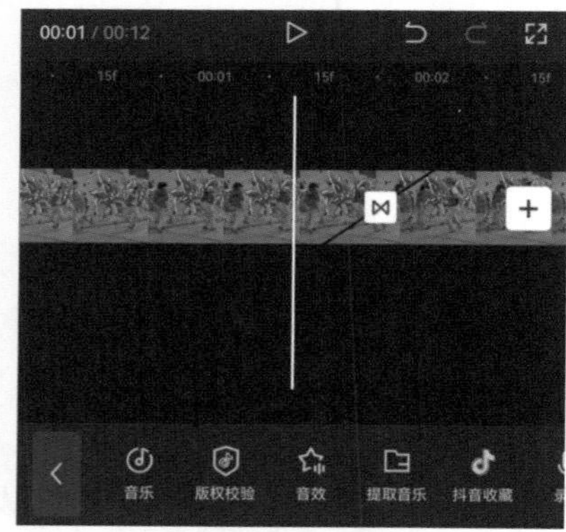

图2-131

图2-132

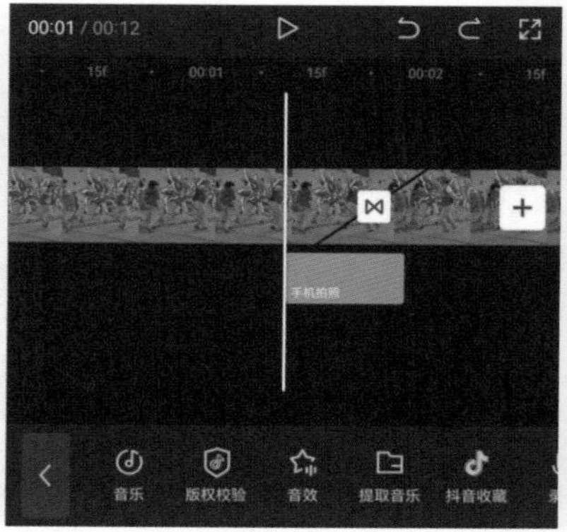

图2-133

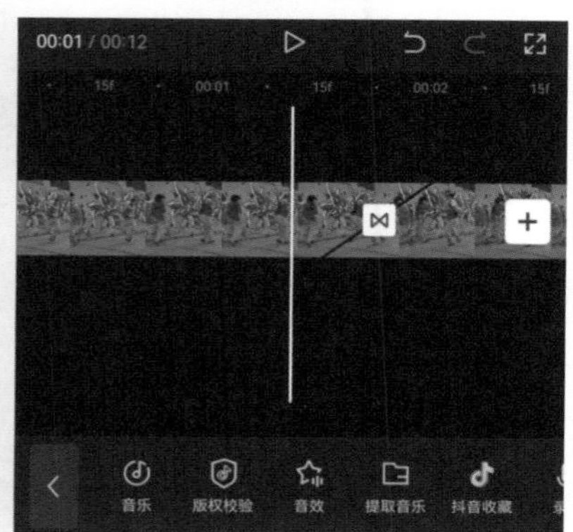

图2-134

Step07 依次点击"特效"→"画面特效"→"边框"→"美漫"，如图2-135、图2-136所示。

Step08 调整定格视频轨道与特效轨道的时长，如图2-137所示。

Step09 按照同样的操作，继续设置其他定格画面，如图2-138、图2-139所示。

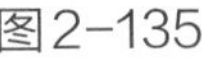

图2-135

图2-136

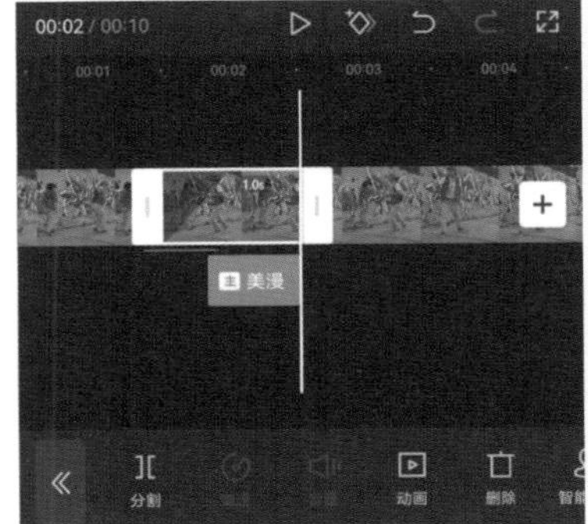

图2-137

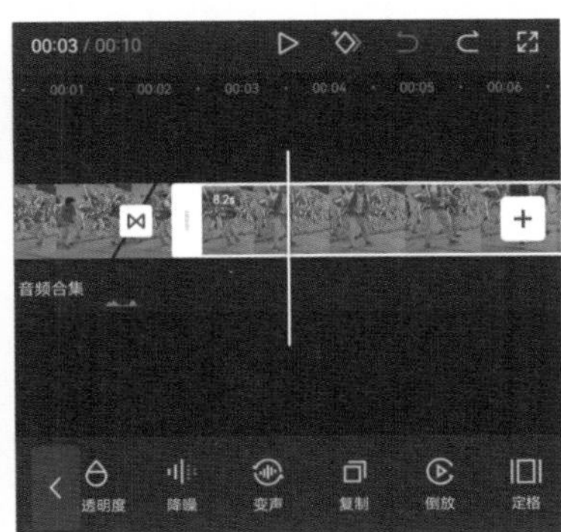

图2-138

图2-139

Step10 将时间线指针调整至合适位置，点击“][分割”，删除多余片段，如图2-140 ~ 图2-142所示。

Step11 视频剪辑完成后，点击“导出”导出即可。

图2-140

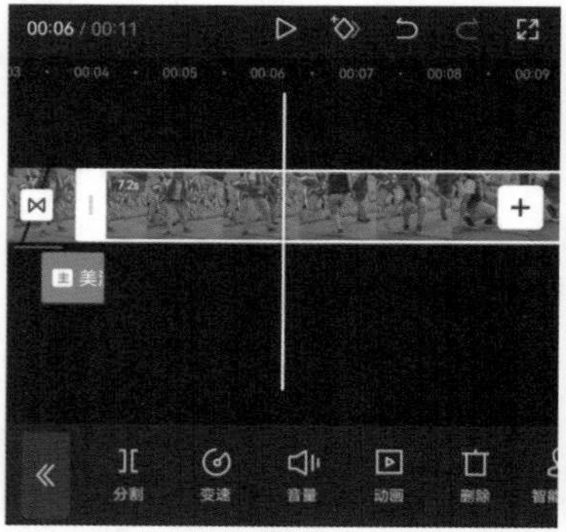

图2-141

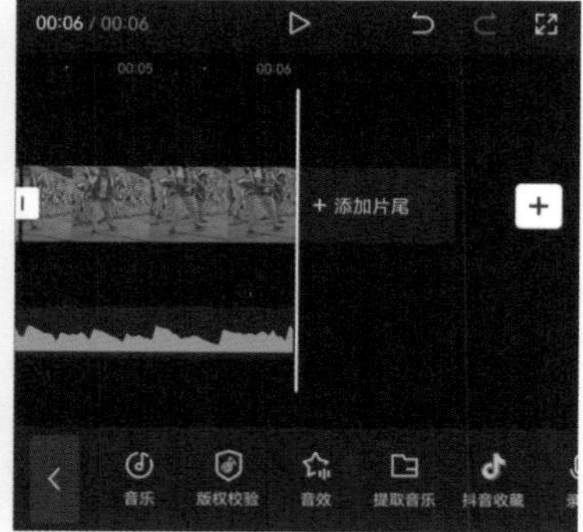

图2-142

第3章

文字：丰富视频信息

内容导读

文字在视频中的作用有两种：一种是解释说明视频内容；另一种是美化视频画面。巧妙地运用文字元素可丰富视频内容，提高视频质量。本章将对文字的运用技法进行简单介绍，其中包括文本的新建与美化、文字模板、字幕的添加以及文字动画的应用等，让原本平淡无奇的视频画面变得妙趣横生。

学习目标

- 掌握文本的创建方法
- 掌握智能识别字幕的方法
- 掌握动画贴纸的添加与应用

3.1 文本的创建

文本的创建有两种模式：一种是自定义文字内容；另一种是利用现有的文字模板。本节将对这两种创建模式进行详细介绍。

3.1.1 新建文本

加载素材后，在“工具”栏点击“T文字”→“A+新建文本”按钮，如图3-1所示。在打开的界面中输入文字，点击“字体”选项，可设置文字的字体，如图3-2所示。在画面中可手动调整文字位置，在时间线中可设置文字显示的时长，如图3-3所示。

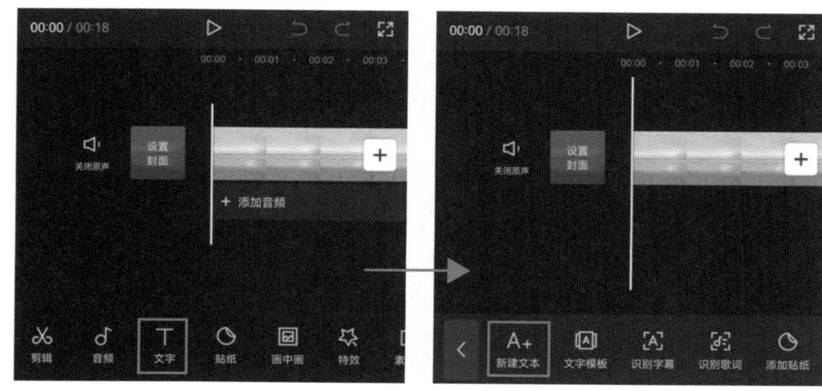

图3-1

注意事项：

在文本框中点击“×”删除文本，点击“”弹出键盘更改文字内容，点击“”复制文字，点击“”缩放旋转文字。

图3-2

图3-3

图3-4

3.1.2 样式效果

文本创建后，点击“样式”，根据需求选择文本样式，即可快速美化文本，如图3-4所示。除了直接应用样式预设，还可以对文字的“文本”“描边”“背景”“阴影”“排列”以及“粗斜体”进行设置。

- 文本：设置文字颜色、字号以及透明度参数。
- 描边：设置描边颜色以及粗细度参数。

● 背景：设置背景颜色、透明度、圆角程度、高度、宽度、上下偏移、左右偏移参数，如图3-5所示。

● 阴影：设置阴影颜色、透明度、模糊度、距离以及角度参数，如图3-6所示。

● 排列：设置对齐方式、缩放、字间距以及行间距参数，如图3-7所示。

● 粗斜体：设置字体加粗、倾斜以及下划线效果，如图3-8所示。

图3-5

图3-6

图3-7

图3-8

3.1.3 花字效果

要使文字的颜色与样式更加丰富，可利用花字功能来创建。

新建文本，点击“花字”在搜索栏中可通过搜索关键词进行筛选，也可以在预设的类别中选择花字样式来应用，如图3-9所示。

图3-9

图3-10

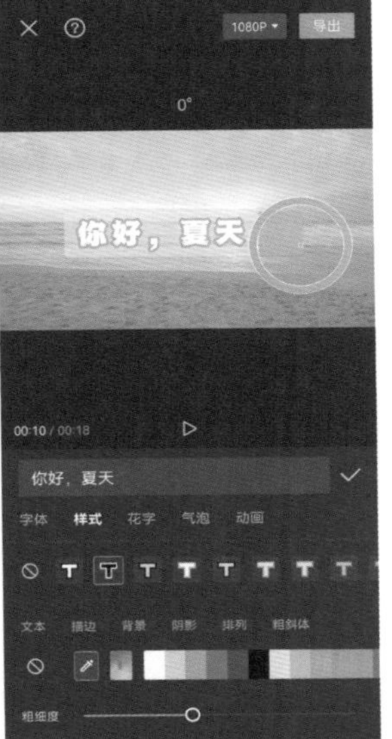

图3-11

3.1.4 气泡效果

新建文本，点击“气泡”，根据需求点击目标气泡样式即可应用气泡文字，如图3-10所示，返回到“字体”“样式”选项栏可更改其文字样式，如图3-11所示。

注意事项：

在同一项目中，若继续创建其他文本，文本样式会延续上一次文本的样式。若要进行更改设置，需要清除当前效果。

3.1.5 文字动画

加入文字后，如果视频画面还是比较单调，那么可为文字添加合适的动画，活跃气氛。

选择文本，点击“动画”，在该“选项”栏中可设置“入场动画”“出场动画”以及“循环动画”这三种动画模式，如图3-12所示。

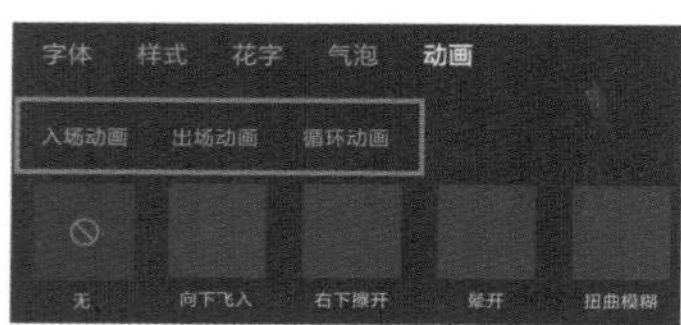

图3-12

选择“入场动画”，滑动设置入场动画效果，向右拖动蓝色滑块设置动画时间，如图3-13所示为应用“向右集合”入场动画的效果。

选择“出场动画”，滑动设置出场动画效果，向左拖动红色滑块设置动画时间，如图3-14所示为应用“向左解散”出场动画的效果。

选择“循环动画”，滑动设置循环动画效果，拖动调整动画快慢，如图3-15所示为应用“随机弹跳”动画的效果。

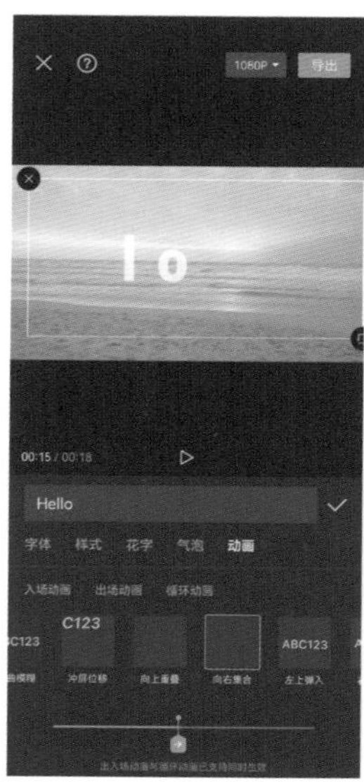

图3-13

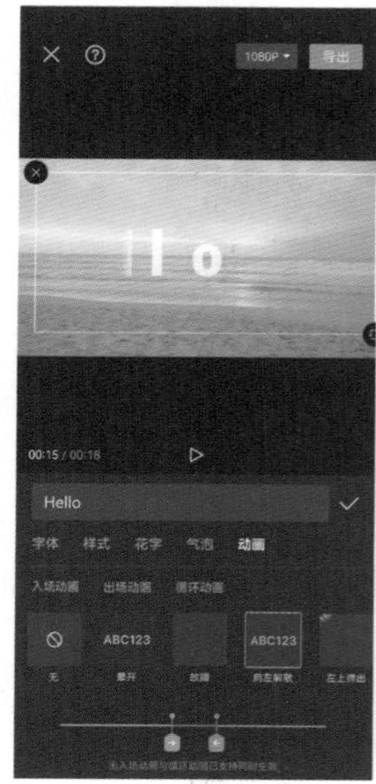

图3-14

图3-15

注意事项：

添加“循环动画”后，“入场动画”和“出场动画”将自动取消。

小试牛刀：镂空文字开场

本案例主要使用文字、文字动画、关键帧以及混合模式制作镂空文字开场效果，下面将对具体的操作步骤进行介绍。

Step01 点击“＋开始创作”按钮，在“素材库”中加载黑场，拖动调整黑场时长为00：04s，如图3-16、图3-17所示。

Step02 将时间线指针调整至开始，依次点击“T文字”→“A+新建文本”按钮，如图3-18所示。

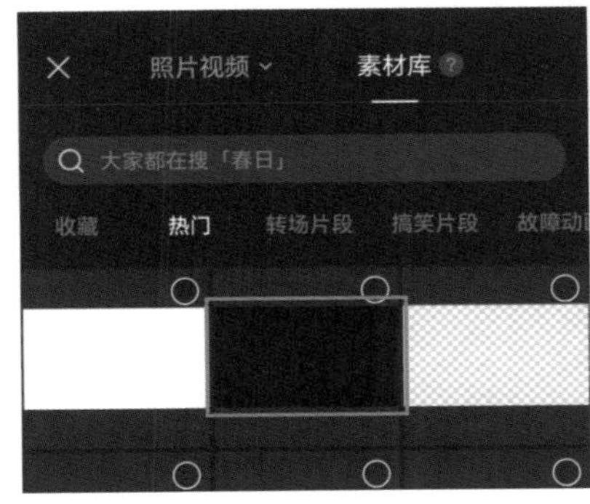

图3-16

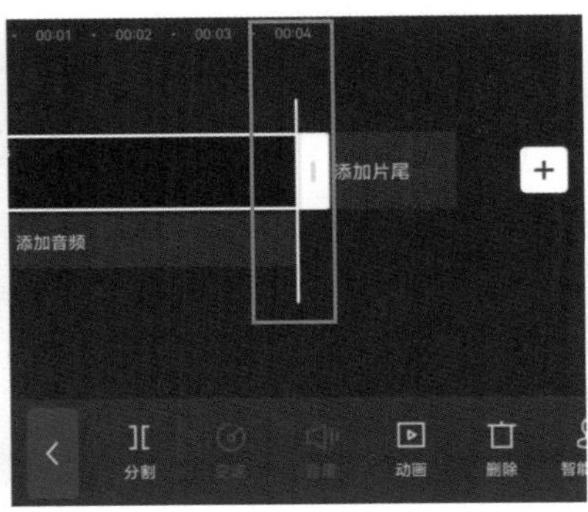

图3-17

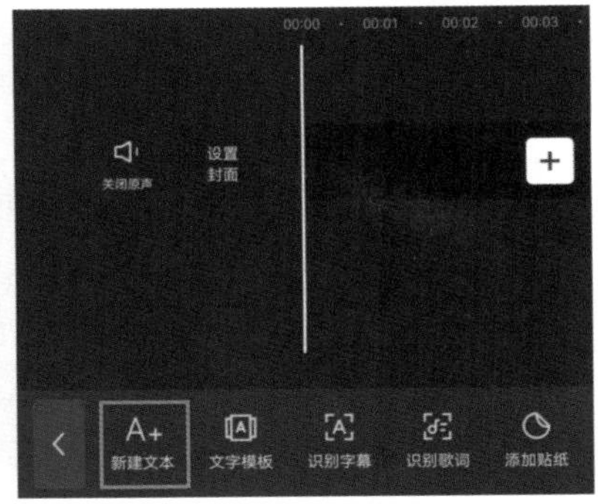

图3-18

Step03 输入文字，设置字体为“卡酷体”，效果如图3–19所示。

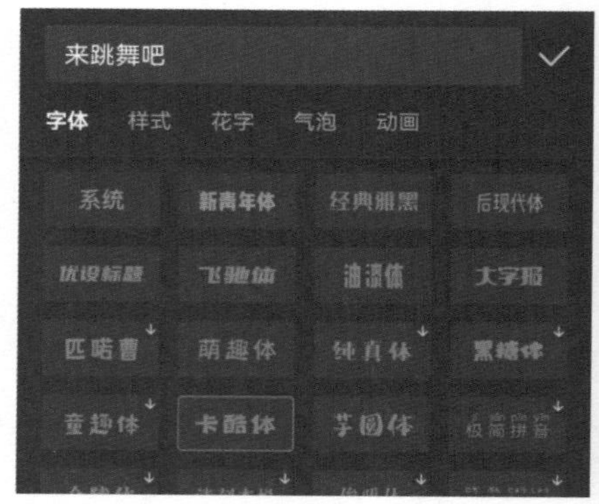

图3–19

Step04 点击“动画”，选择“入场动画”并设置该动画时长，如图3–20所示。

Step05 将文字时长设为与黑场时长相同，如图3–21所示。

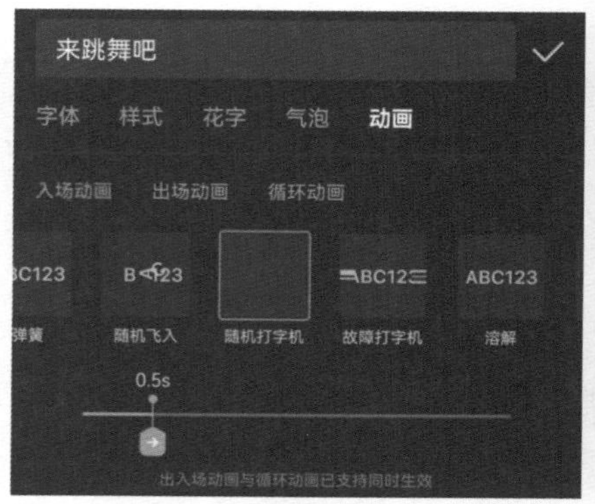

图3–20

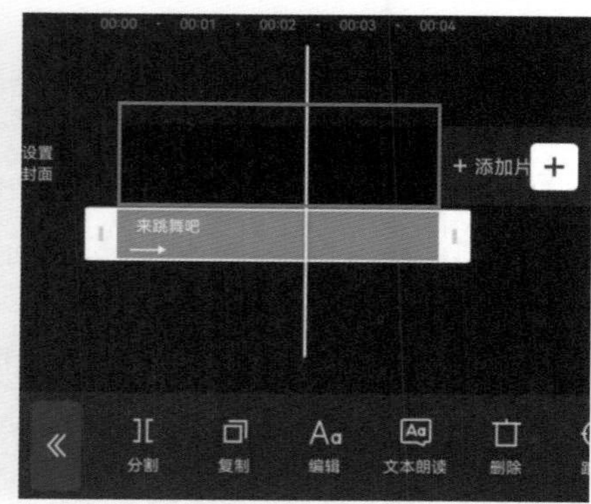

图3–21

Step06 调整时间线指针，点击“◇”添加关键帧，如图3-22所示。

Step07 继续添加关键帧并放大文字显示，如图3-23、图3-24所示。

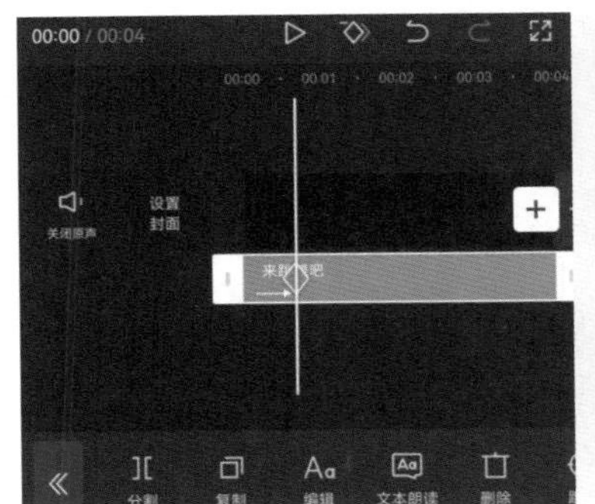

图3-22

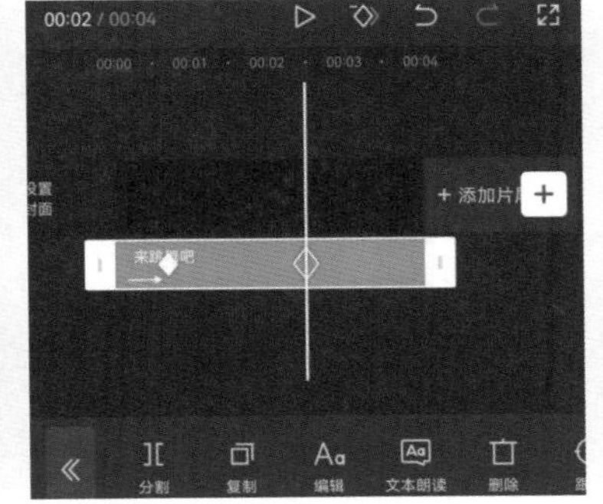

图3-23

图3-24

Step08 调整时间线指针至00：04s，点击“◇”添加关键帧，如图3-25所示。

Step09 放大文字显示，如图3-26所示。点击“导出”备用。

图3-25

图3-26

Step10 导入新素材，如图3–27所示。

Step11 点击“画中画”，添加文字素材并调整显示，如图3–28、图3–29所示。

图3–27

图3–28

图3–29

Step12 点击“混合模式”，设置混合模式为“正片叠底”，如图3–30所示。

Step13 依次点击“动画”→“出场动画”按钮，如图3–31所示。

图3–30

图3–31

Step14 设置出场动画为“放大”，时长为0.8s，如图3-32、图3-33所示。

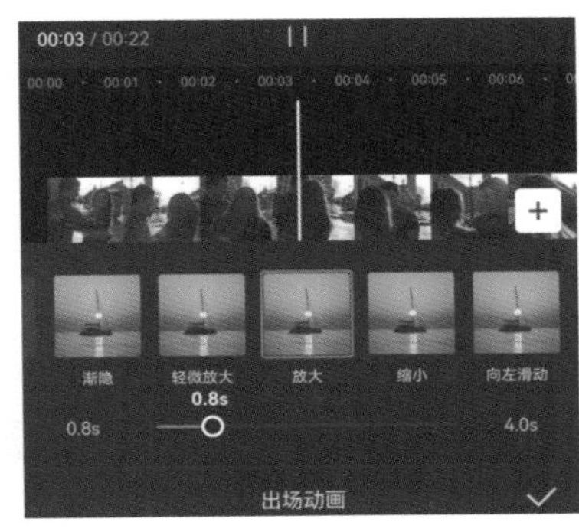

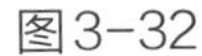
图3-32

图3-33

3.1.6 文字模板

点击“文字模板”，在打开的“文字模板”选项中，用户可根据类别选择相应的文字模板，如图3-34所示。点击应用的文字模板可更改文字内容，如图3-35所示。

3.1.7 文本朗读

文本朗读功能是指可读取画面中的文字内容，并自动生成一段音频保存在音轨中。点击“文本朗读”，如图3-36所示，在“音色选择”选项栏中根据需求选择合适的音色模板，点击即可试听，点击“✓”完成应用，如图3-37所示。

注意事项：

点击“🚫还原”按钮取消应用。

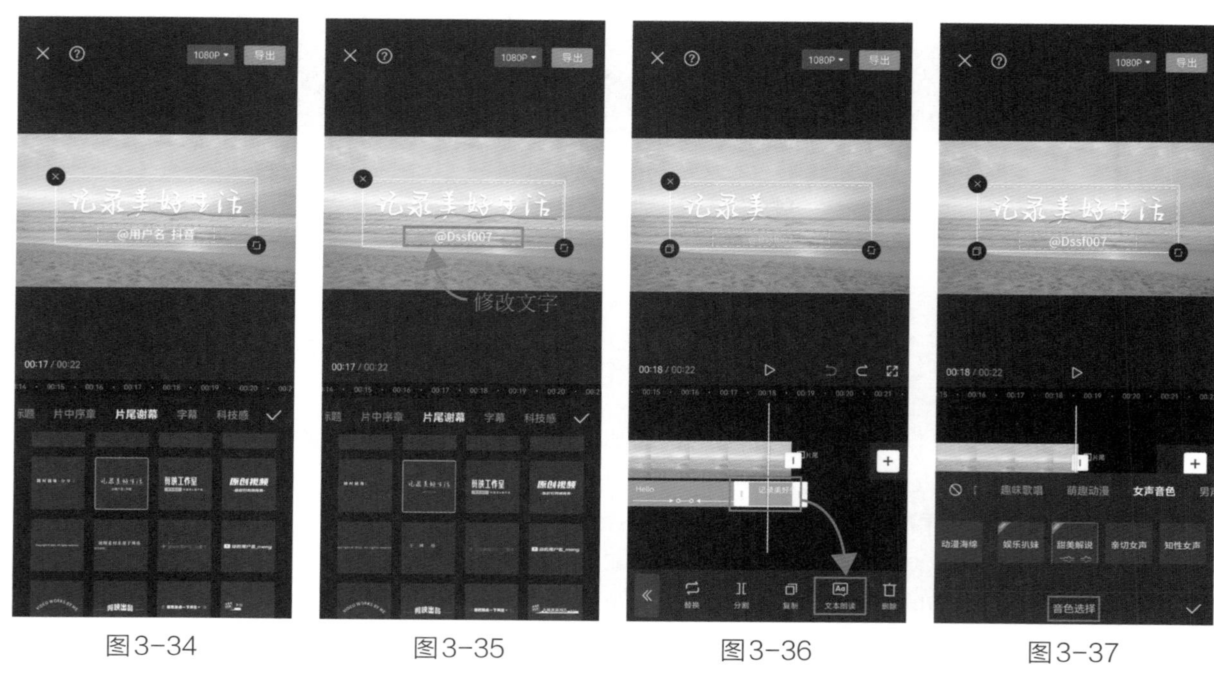

图3-34　图3-35　图3-36　图3-37

小试牛刀：文字讲解

本案例主要通过新建文本、文本朗读来制作文本讲解效果，下面将对具体的操作步骤进行介绍。

Step01 导入素材，如图3-38所示。

图3-38

Step02 滑动"工具"栏点击"◘比例"→"9:16"，调整显示比例，如图3-39所示。

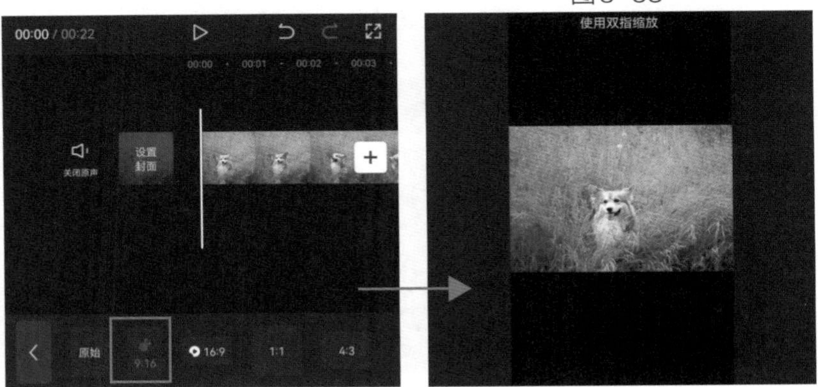

图3-39

▶ Step03 依次点击“T文字”→“A+新建文本”按钮，输入文本并设置字体，点击“✓”按钮，如图3-40所示。

▶ Step04 点击“样式”按钮，设置文本样式及颜色，如图3-41所示。

图3-40

图3-41

▶ Step05 点击“排列”按钮，设置“字间距”为7，“行间距”为12，点击“✓”完成设置，如图3-42所示。

图3-42

Step06 点击“Aa文本朗读”→“萌趣动漫”→“动漫海绵”，读取文本内容，点击“✓”完成设置，如图3-43所示。

Step07 将文字时长与音频时长设为相同，如图3-44所示。

Step08 点击“复制”按钮，按住复制的文字轨道移动位置，如图3-45所示。

图3-43

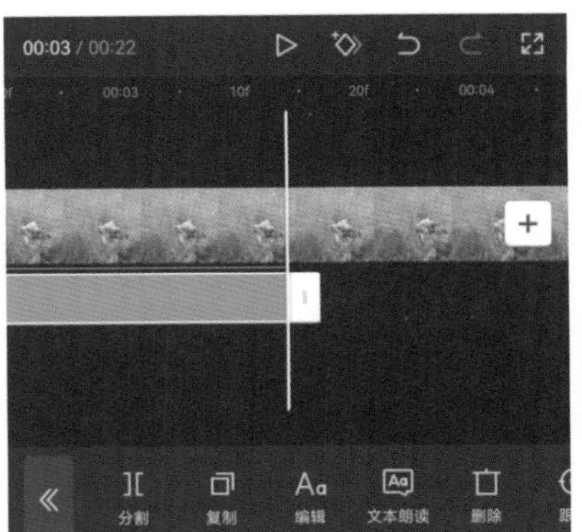

图3-44

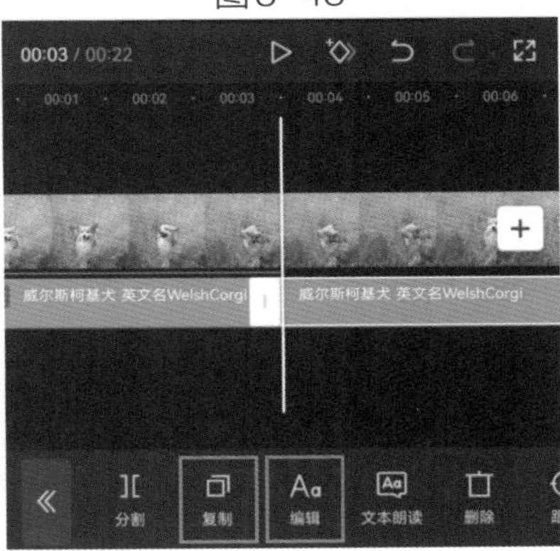

图3-45

Step09 点击“Aa编辑”按钮，更改文字内容，如图3-46、图3-47所示，点击“✓”完成设置。

Step10 点击“Aa文本朗读”，选择好音色，并将文字时长与音频时长设为相同。

图3-46

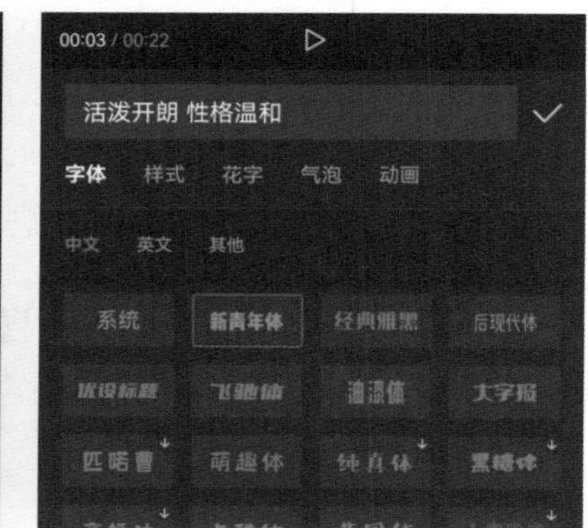

图3-47

Step11 使用相同的方法，添加第三组、第四组文字及音频并调整时长，如图3-48所示。

Step12 选择视频轨道，点击“][分割”按钮，删除多余视频素材（点击“🗑删除”），如图3-49所示。

图3-48

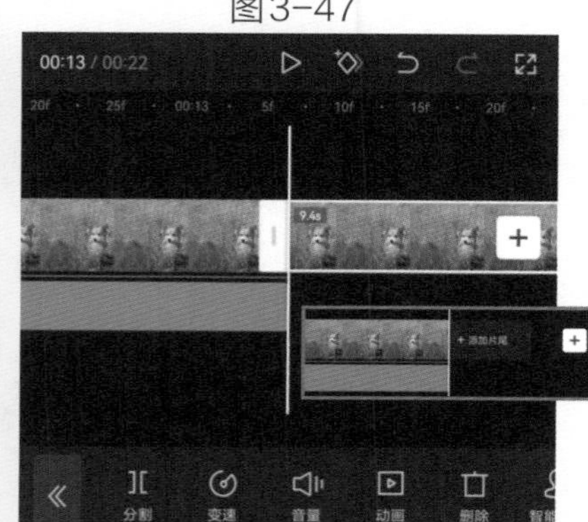

图3-49

3.2 智能识别字幕

智能识别字幕是指可快速识别出视频素材中的语音，并将其转换为文字，大大节省了字幕输入的时间，提高了剪辑效率。本节将对该功能进行详细讲解。

图3-50

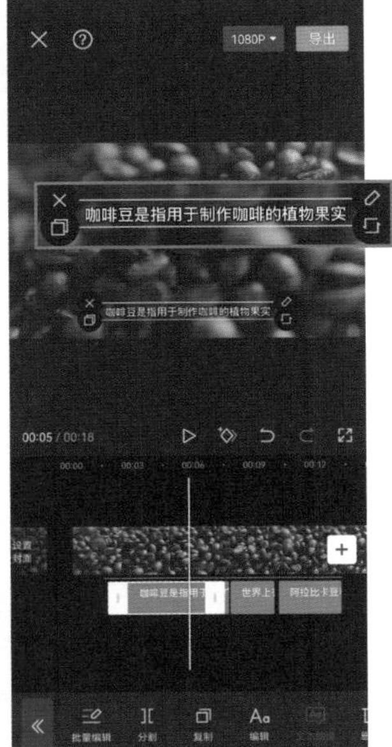

图3-51

3.2.1 识别字幕

识别字幕是指对视频中的语音进行识别，并将其转换为字幕。在导入的视频中，依次点击“文字”→“识别字幕”按钮，在弹出的提示框中点击“开始识别”按钮，如图3-50所示。系统会自动生成字幕，同时还可对字幕进行编辑，如图3-51所示。

注意事项：

若视频是轻音乐，可通过后期录音，在识别字幕中选择“仅录音”识别即可。

若视频中有其他字幕，可开启“同时清空已有字幕”来清除字幕。

3.2.2 识别歌词

剪映中除了能识别字幕外，还可识别出视频中的歌词文本，其操作方法与识别字幕很相似。

依次点击“文字”→“识别歌词”按钮，在弹出的提示框中可勾选“同时清空已有歌词”，点击“开始识别”按钮，系统会自动生成字幕，如图3-52所示。生成文本后，在“工具”栏中点击“批量编辑”按钮，可全选文本，如图3-53所示。点击歌词可进入编辑模式，如图3-54所示。点击“✓”按钮完成设置，使用相同的方法可对其他的歌词进行设置调整。

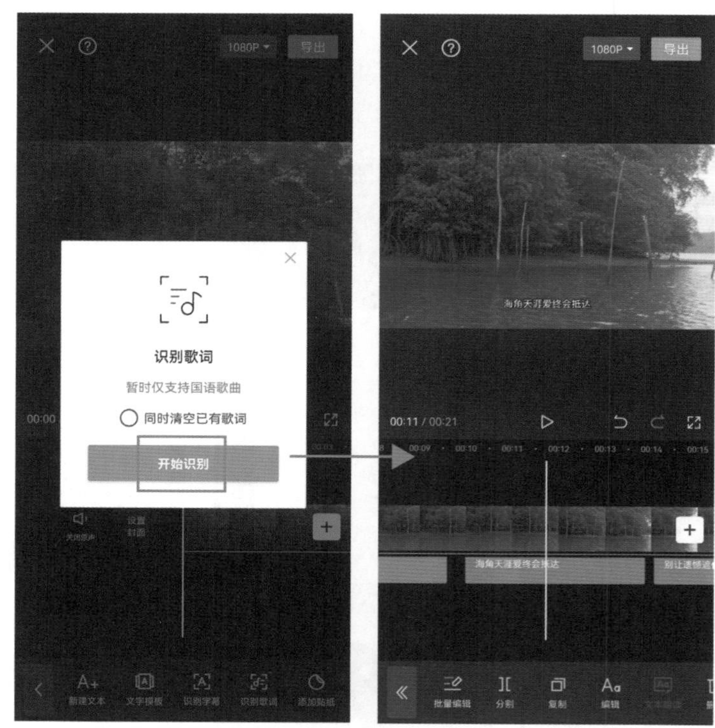

图3-52

图3-53

图3-54

注意事项:

除了可对字幕进行批量编辑操作外，还可对字幕进行分割、复制、编辑、删除、花字、气泡以及动画等操作，如图3-55所示。

图3-55

3.3 趣味动画贴纸

使用贴纸可以渲染画面气氛。对于有趣、可爱、搞笑的视频，贴纸无疑是丰富视频内容的有力武器。本节将对不同类型的贴纸模式进行讲解。

3.3.1 自定义贴纸

添加素材后，在“工具”栏中点击“贴纸”按钮，如图3-56所示，点击“添加贴纸”，默认为“热门”贴纸类别，点击“”按钮，如图3-57所示，在打开的“素材”加载界面中选择所需素材即可。

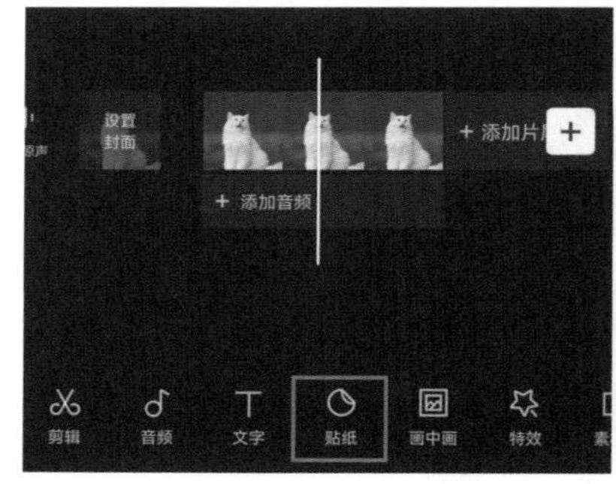

图3-56

图3-57

3.3.2 表情符号贴纸

表情符号贴纸也就是emoji贴纸。点击“emoji”选项，向下滑动可添加多种表情符号，如图3-58所示。

图3-58

知识链接：

添加贴纸后可对其进行分割、复制、动画、镜像、删除以及跟踪操作。其中利用“跟踪”选项，可以使贴纸跟随被跟踪物体变换大小和位置，如图3-59所示。

图3-59

3.3.3 文字类贴纸

在海量的贴纸中有十多种文字类贴纸，例如“综艺字”“恐怖综艺”“游戏”“正能量”“日韩综”“清新手写字”“电影字幕”“潮酷字”“土酷”“X月你好”“节气”等。

若在制作综艺、游戏以及打卡vlog中添加贴纸，可以在这些贴纸类别中进行查找添加，如图3-60、图3-61所示分别为“综艺字”和“清新手写字”类别贴纸。

图3-60

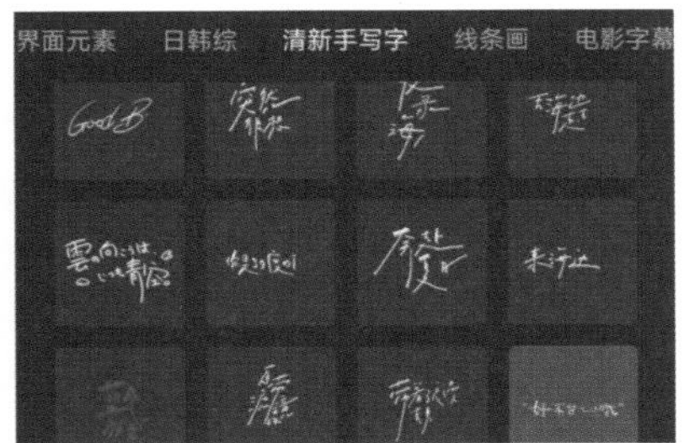

图3-61

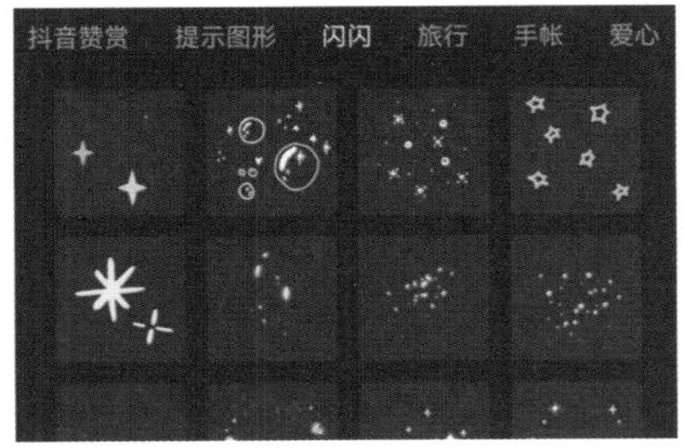

图3-62

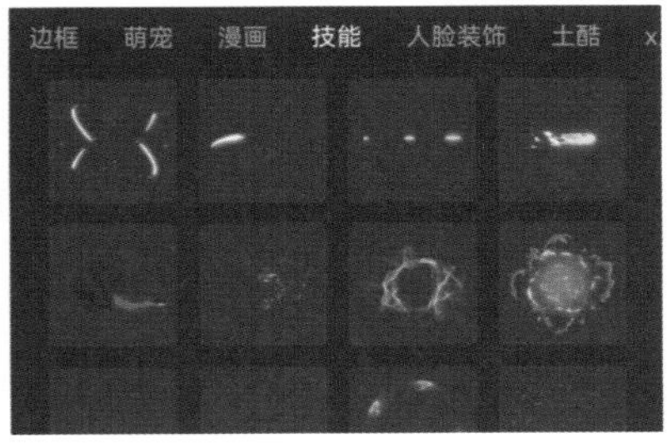

图3-63

3.3.4 氛围类贴纸

氛围类贴纸主要是动态特效贴纸，例如“闪闪”“爱心”“炸开”“界面元素”“动感线条”“烟花”“技能”等。

若为视频中的元素添加动效，可以在这些贴纸类别中进行查找添加，如图3-62、图3-63所示分别为“闪闪”和“技能”类别贴纸。

注意事项：

长按贴纸可进行收藏/取消收藏操作，在“收藏”选项中可快速查找应用。

3.3.5 风格类贴纸

风格类贴纸主要包括“手账”“穿搭”“梦幻”“蒸汽波”“边框”“漫画”等。

若在制作复古艺术、提升质感的视频或画面周边空白处添加边框，可以在这些贴纸类别中进行查找添加，如图3-64、图3-65所示分别为“穿搭”和“边框”类别贴纸。

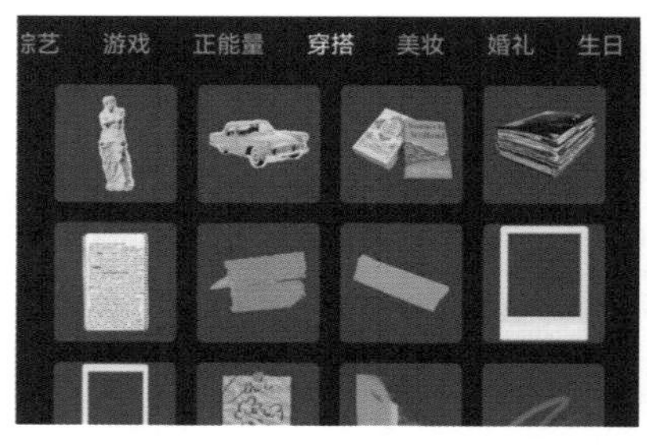

图3-64

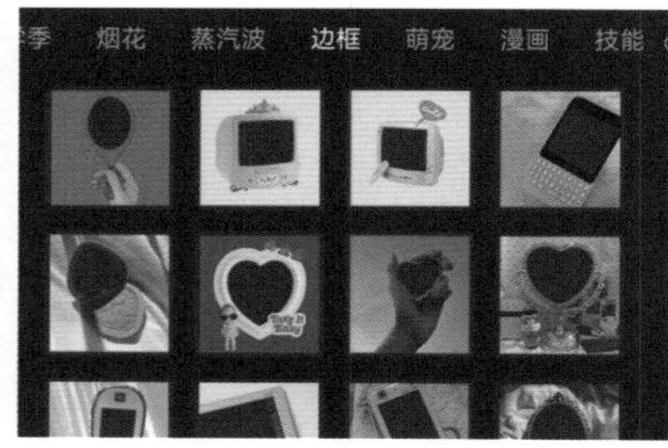

图3-65

3.3.6 其他贴纸

除了以上的贴纸类型，还有一些可爱有趣的贴纸，例如“假期”“春日”“遮挡”“旅行”“Vlog”“美食”“美妆”“婚礼”“生日”“线条画”“开学季萌娃”“狗头”“萌宠”“人脸装饰”“抖音赞赏”“提示图形”“箭头”。

如图3-66、图3-67所示分别为“旅行”和“箭头”类别贴纸。

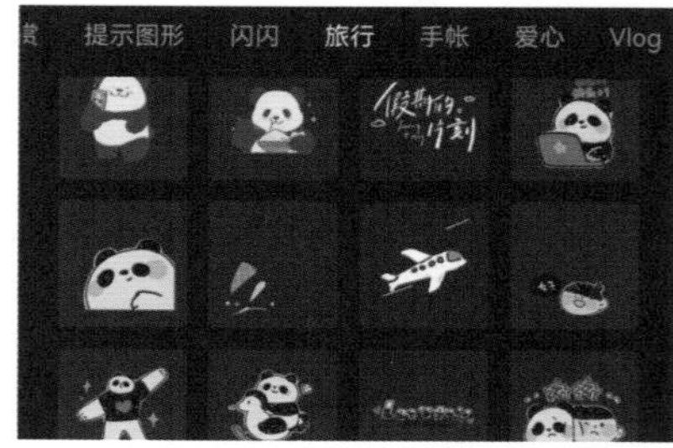

图3-66

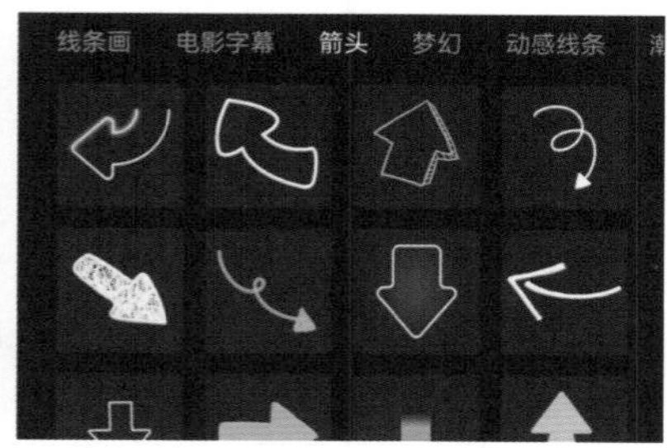

图3-67

小试牛刀：人物追踪遮挡效果

本案例主要是通过添加贴纸、设置跟踪范围达到人物追踪遮挡效果，下面将对具体的操作步骤进行介绍。

Step01 导入素材，如图3-68所示。

Step02 点击“贴纸”→“遮挡”，向下滑动选择贴纸，调整贴纸位置和大小，使其遮挡住人脸，如图3-69、图3-70所示。

图3-68

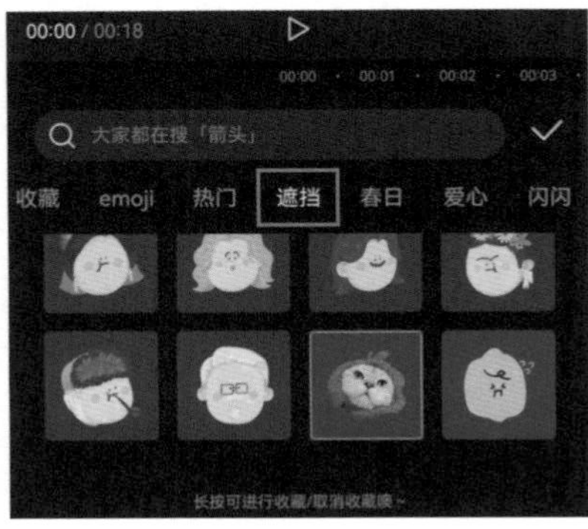

图3-69

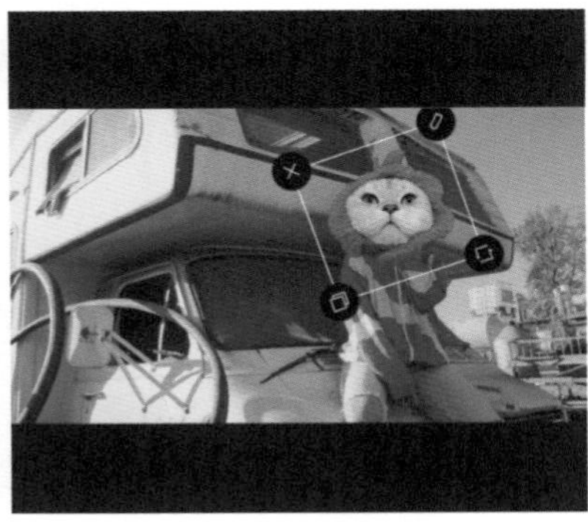

图3-70

Step03 调整贴纸轨道时长与视频时长同步，如图3-71所示。

Step04 此时贴纸和人物脸部不重合，如图3-72所示。

Step05 将时间线指针移至起始处，在“工具”栏中点击“跟踪”按钮，如图3-73所示。

Step06 拖动黄色圆圈调整跟踪选区，点击“开始跟踪”开始跟踪，如图3-74、图3-75所示。

Step07 移动时间线指针至任意位置，检查贴纸和人物脸部是否贴合，如图3-76、图3-77所示。

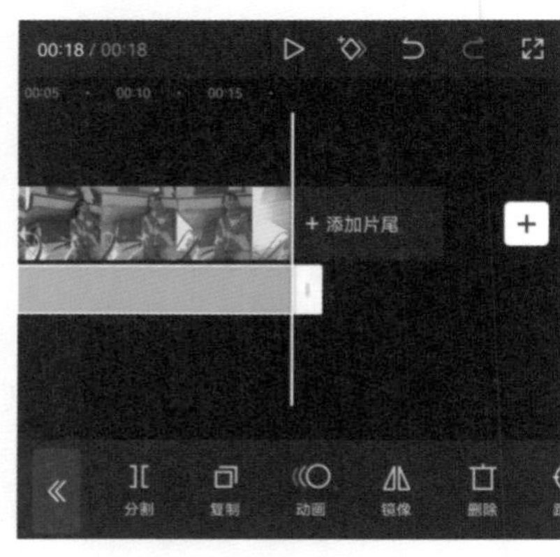

图3-71

图3-72

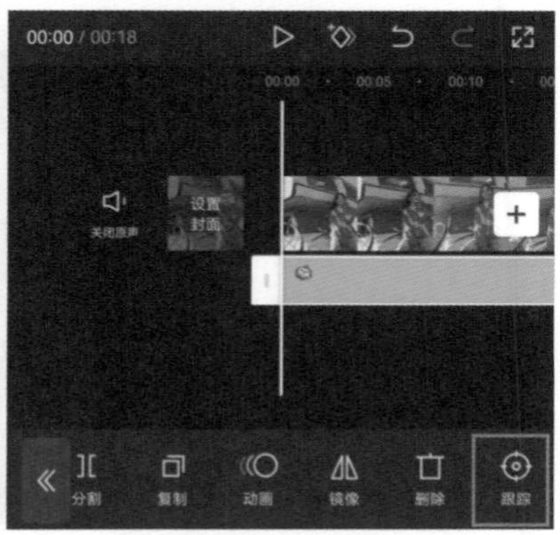

图3-73

注意事项：

拖动跟踪选区上方的双箭头，该区域宽度不变，高度变化，右方的则是宽度变化，高度不变。双指拖动则等比放大缩小。

图3-74

图3-75

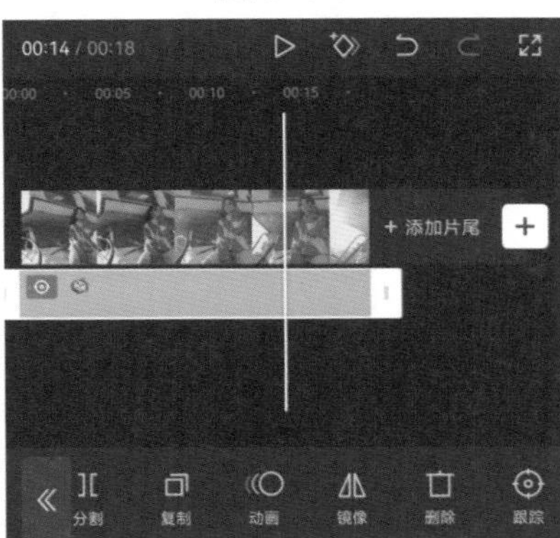

图3-76

图3-77

第4章

音频：原声、音乐与音效

内容导读

添加音频是视频剪辑必要的操作，也是视频中一个重要的组成部分。音频很容易调动人们的情绪，很多优质视频除了有丰富的内容外，其配乐的选择也恰到好处。本章将介绍剪映中原声、音乐以及音效的处理操作，其中包括原声的开关、音量的调节、原声的降噪与变声处理；音乐、音效与录音的添加；音频的分割、音量的淡化、音调的变速以及节奏尺点等。

学习目标

- 掌握素材原声的处理
- 掌握音乐、音效以及录音的添加
- 掌握音量淡化、节奏尺点等进阶处理

4.1 处理原声

一般情况下，视频原声需要经过一些处理才能使用，例如音量调节、原声降噪、原声变声等。本节将介绍视频原声处理的基本操作。

4.1.1 音量调节

如果原声音量比较小，那么用户可通过调节音量来增大原声音量。在“工具”栏滑动点击“剪辑”→“音量”按钮，如图4–1所示。在打开的“音量”选项栏中，向右拖动滑块即可增大音量；反之，则减小音量，如图4–2所示。

在轨道区域点击“关闭原声”按钮可将音量调整为0，即静音状态，方便后期添加音乐，如图4–3所示。

知识链接：

在不关闭原声的情况下，音量默认值为100，向左拖动滑块减小音量，数值小于100、大于0，当数值为0时，即关闭原声处于静音状态。向右拖动滑块增大音量，数值小于1000、大于100。

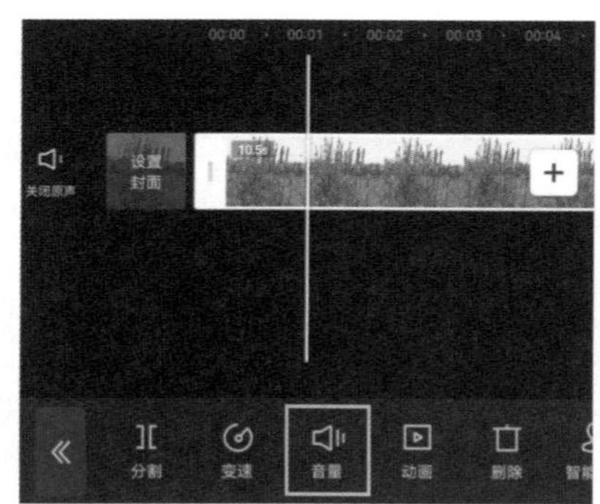

图4–1

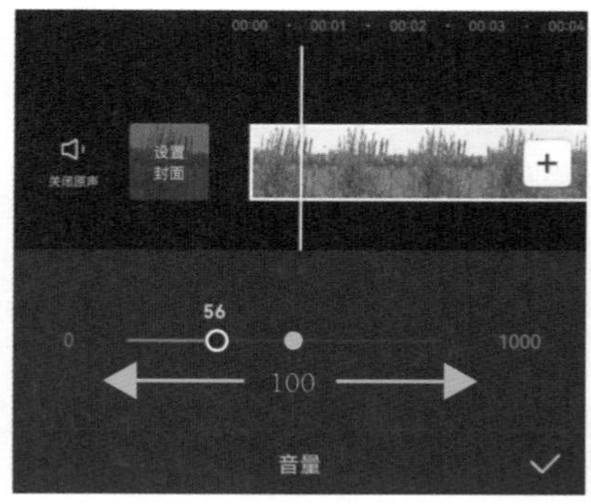

图4–2

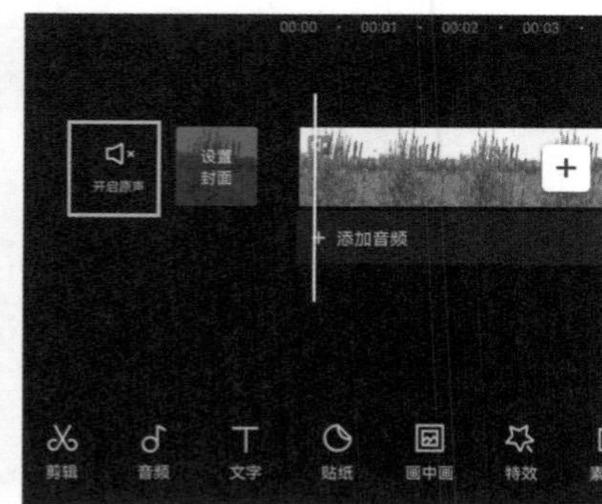

图4–3

4.1.2 原声降噪

利用降噪功能可有效地去除音频中的各类杂声、噪声，从而提升音频的质量。

选中素材后，滑动“工具”栏点击“降噪”按钮，如图4-4所示。在“降噪”选项栏中，点击“降噪开关”按钮可开启降噪，如图4-5所示，点击“✓”按钮即可应用。

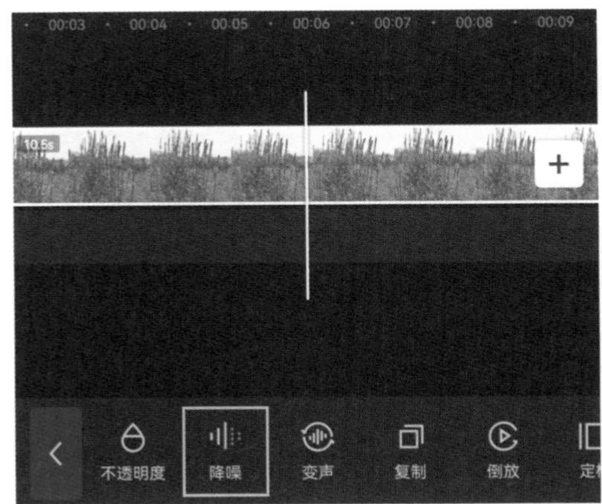

图4-4

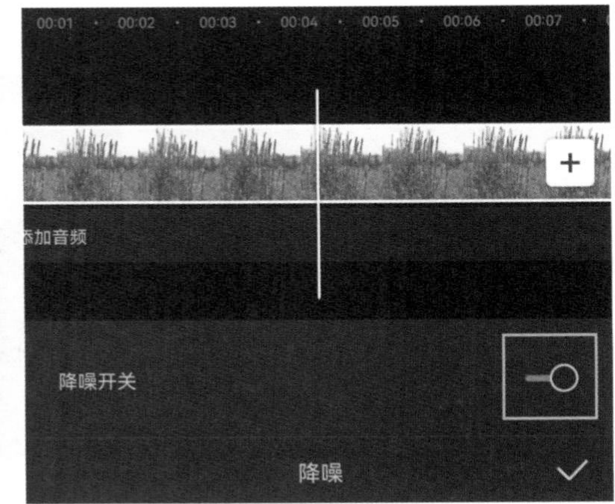

图4-5

4.1.3 原声变声

利用“变声”功能可将视频原声以系统预设的几种声线类别进行播放。滑动“工具”栏点击“变声”按钮，在“变声”选项栏中选择声线类别，以基础、搞笑、合成器以及复古四大类为主。点击相应的类别，并选择合适的声线，点击“”按钮即可应用，如图4-6所示。

4.1.4 音频分离

默认情况下，加载素材后，其原声与视频是在同一个轨道中。如果要对原声进行单独编辑，需将其从轨道中分离，滑动“工具”栏点击“剪辑”→“音频分离”按钮即可，如图4-7所示。

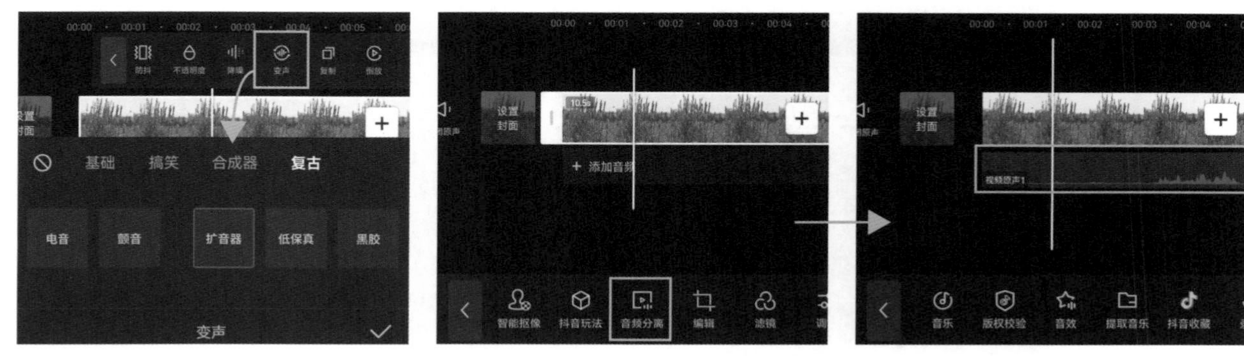

图4-6　　　　图4-7

注意事项：

对于分离后的音频，在“工具”栏中可选择相应的剪辑命令进行操作，例如调整音量、淡化、分割、变声等，如图4-8所示。

图4-8

小试牛刀：移花接木

本案例主要是利用音频分离功能提取音频替换视频，下面将对具体的操作步骤进行介绍。

Step01 加载素材至视频轨道中，如图4-9所示。

Step02 选择轧空素材，点击“剪辑”→“音频分离”按钮，分离音频，如图4-10所示。

图4-9

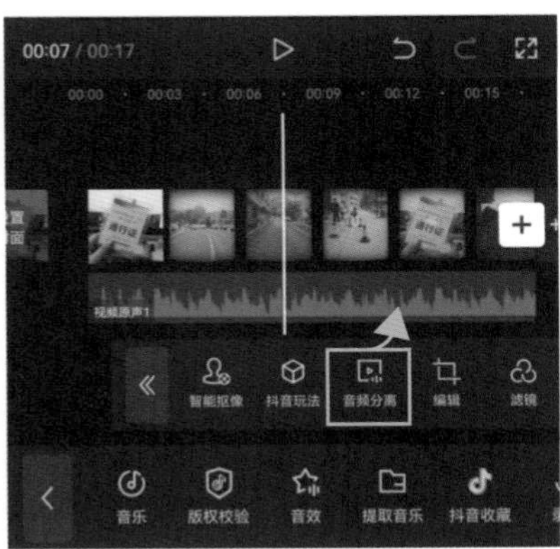

图4-10

Step03 选择视频轨道，点击“替换”按钮，更换素材视频，如图4-11所示。

Step04 在“工具”栏中点击“比例”→“16:9”按钮，移花接木制作，如图4-12所示。

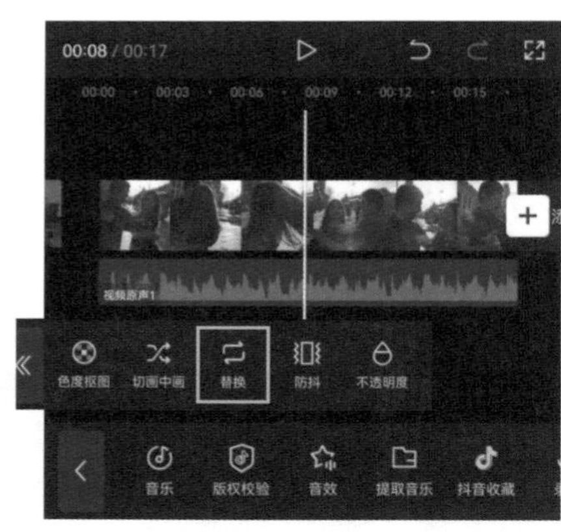

图4-11

图4-12

4.2 处理音乐与音效

若视频原声不太理想，用户可自行添加其他音乐或音效来渲染视频气氛。本节将对音乐和音效的处理操作进行讲解，其中包括音乐、音效、录音的添加。

4.2.1 添加音乐

加载素材后，点击“音频”按钮，或点击轨道下方的“添加音频”按钮，激活“音频”选项栏，如图4-13所示。

（1）推荐音乐

点击“音乐”按钮，如图4-14所示，进入到“添加音乐”界面。滑动选择音乐类别，例如选择“环保”类别，点击进入，如图4-15所示。在“环保”类别列表中点击任意一首音乐即可试听，如图4-16所示。

图4-13

图4-14

图4-15

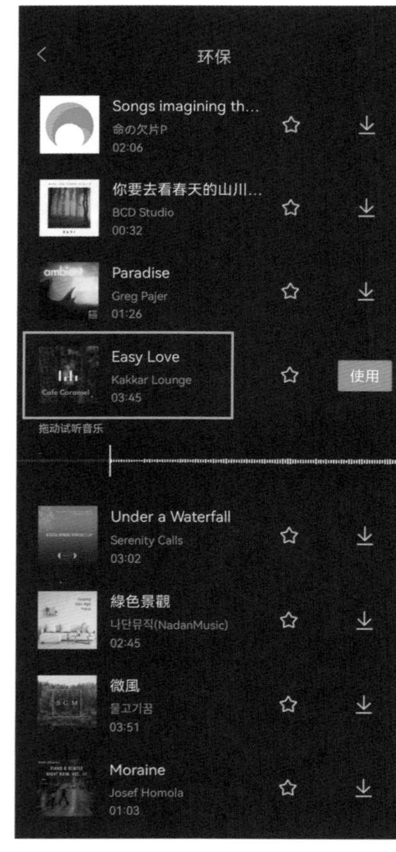

图4-16

知识链接：

点击“☆”按钮，可收藏该音乐并添加至“我的收藏”；点击“↓”按钮，可下载该音乐；点击“使用”按钮，可使用该音乐。

（2）收藏音乐

在“添加音乐”界面中，点击“我的收藏”或“抖音收藏”选项，可以查看收藏的音乐并应用。

剪映账号和抖音绑定时，在抖音收藏的音乐会在剪映的“抖音收藏”中显示。在抖音取消收藏该音乐后，剪映中的“抖音收藏”会删除该音乐。

（3）导入音乐

点击“导入音乐”选项后，出现“链接下载”“提取音乐”以及“本地音乐”选项。

- 链接下载：在抖音或其他平台分享视频/音乐链接，粘贴到输入框中，点击“↓”按钮解析应用，如图4-17所示。解析后点击“使用”即可。

图4-17

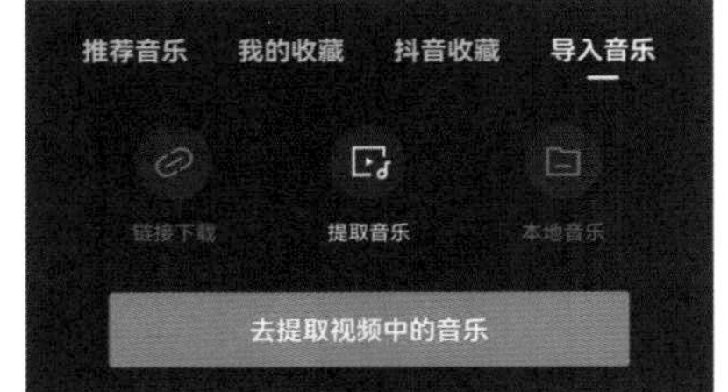

图4-18

图4-19

- 提取音乐：点击“去提取视频中的音乐”按钮，如图4-18所示，在打开的“素材加载”界面中选择带音乐的视频，点击“仅导入视频的声音”按钮，导入后点击“使用”即可。
- 本地音乐：点击“使用”即可应用本地音乐，如图4-19所示。

注意事项：

若要删除音乐，只需长按素材，点击“删除该音乐”即可，如图4-20所示。

图4-20

4.2.2 添加音效

在选中素材的状态下，将时间线指针移动到需要添加音效的位置，点击“音效”按钮，如图4-21所示。在打开的“音效”选项栏中，包含了“综艺”“小生”“机械”“BGM”“人声”“转场”“游戏”“魔法”等多种类别的音效，点击即可试听，点击“使用”按钮可使用该音乐，如图4-22所示。

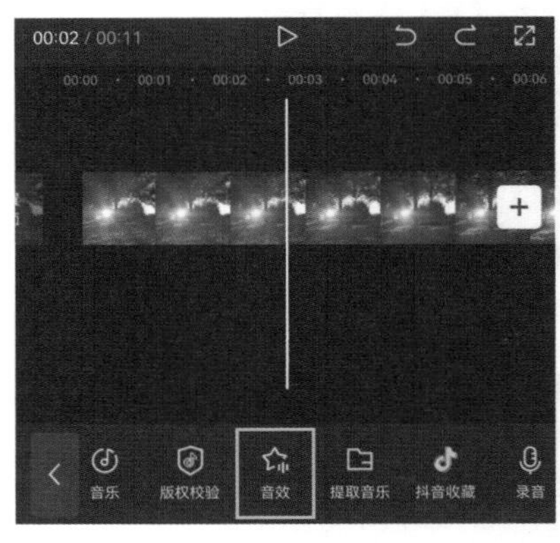

图4-21

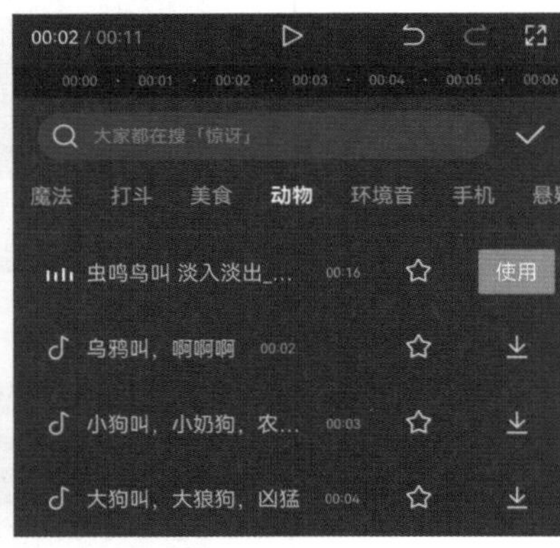

图4-22

4.2.3 添加录音

如果需要录制视频旁白，可点击“录音”→“”按钮进行现场录制，如图4-23所示。在录制时系统会加载录音音轨。点击“”按钮结束录制，如图4-24所示。若是长按“”按钮，则释放后即可结束录制。

完成录音后激活“”，点击即可撤销录音。

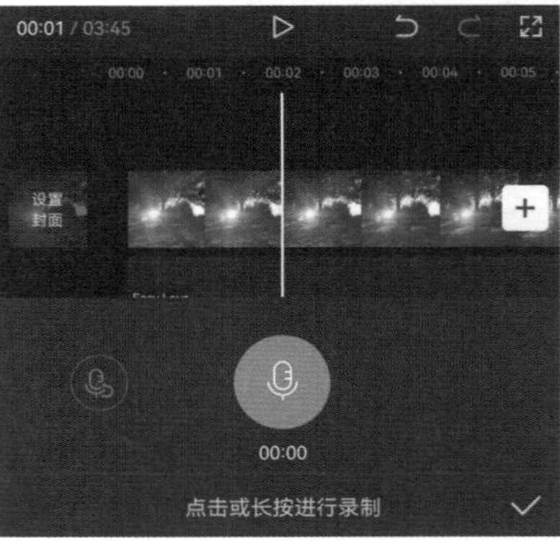

图4-23

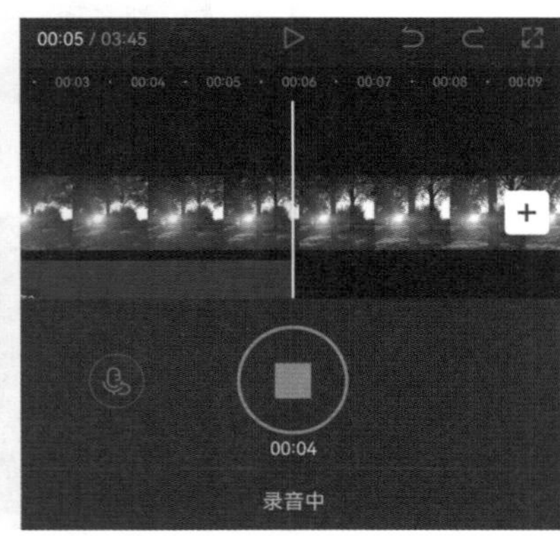

图4-24

小试牛刀：手写歌词vlog

本案例主要是利用识别歌词、文字设置以及文字动画功能，来制作手写歌词vlog的效果。下面将对具体的操作步骤进行介绍。

Step01 添加素材，如图4-25所示。

Step02 点击“音频”→“抖音收藏”按钮，选择目标音乐，点击“使用”按钮应用，如图4-26所示。

图4-25

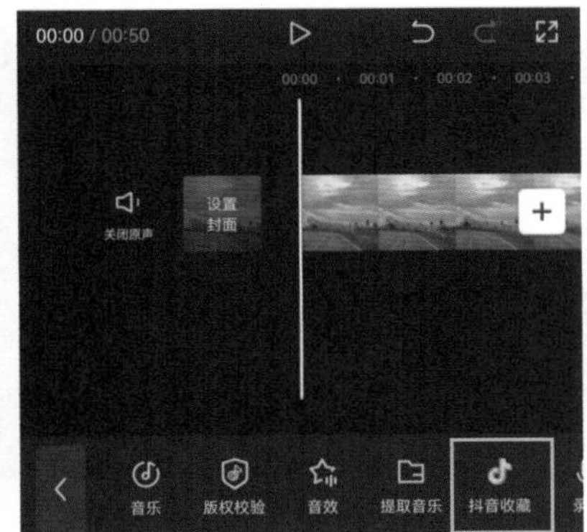

图4-26

Step03 点击“文字”→“识别歌词”按钮，如图4–27所示。

Step04 调整音频轨道时长与视频时长一致，如图4–28所示。

Step05 选择第一段歌词轨道，点击“批量编辑”按钮，如图4–29所示。

Step06 选择第一段歌词内容，如图4–30所示。

Step07 对歌词的字体格式进行设置，如图4–31所示。

Step08 调整好文本的大小与显示位置，如图4–32所示。

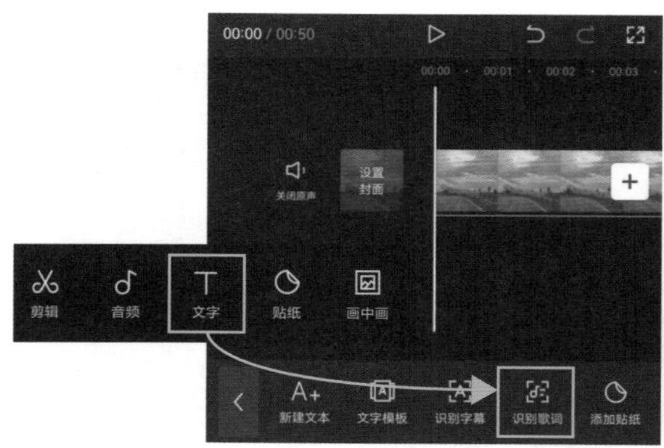

图4–27

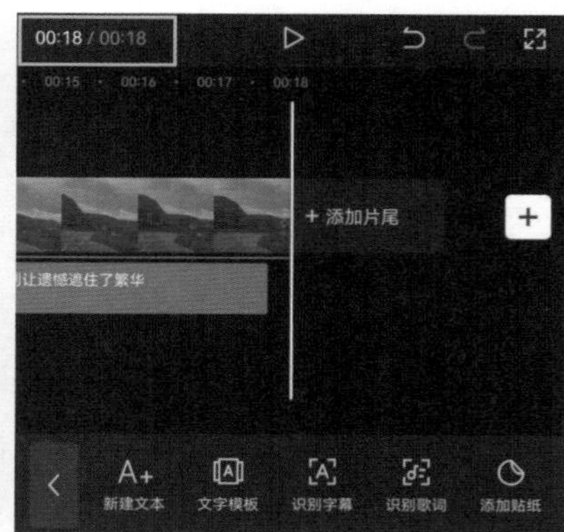

图4–28

图4-29

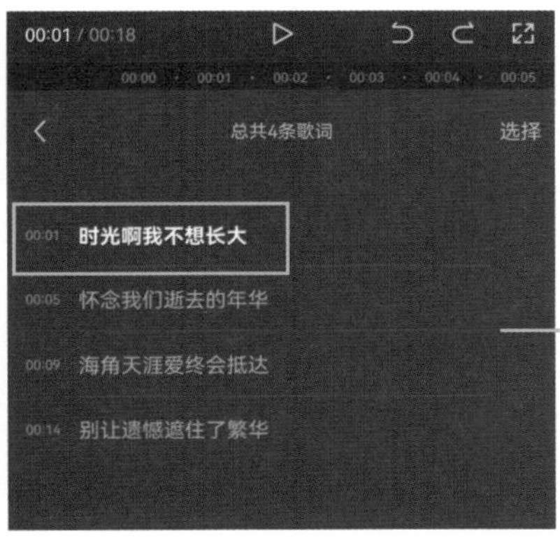

图4-30

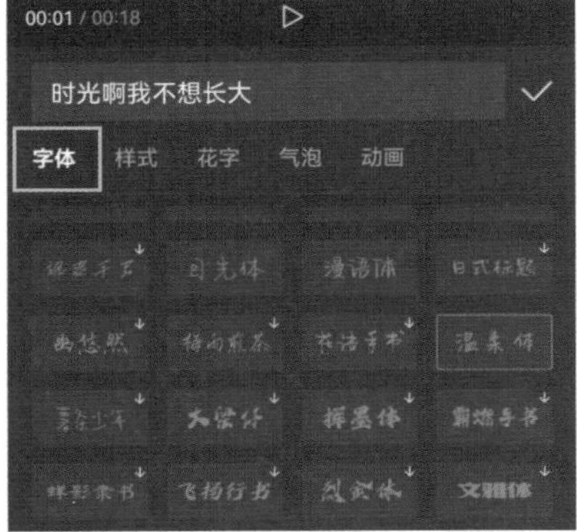

图4-31

图4-32

Step09 点击“花字”选项，设置歌词样式，如图4–33所示。

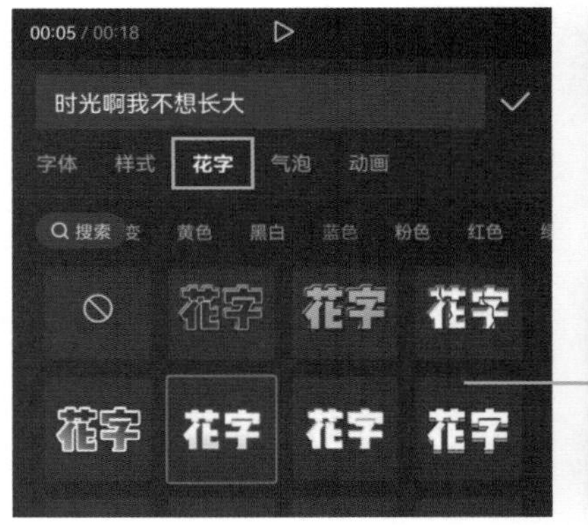

图4–33

Step10 选择“动画”→“循环动画”→“上弧”按钮，设置歌词动画时长为2.8s，设置效果如图4–34所示。

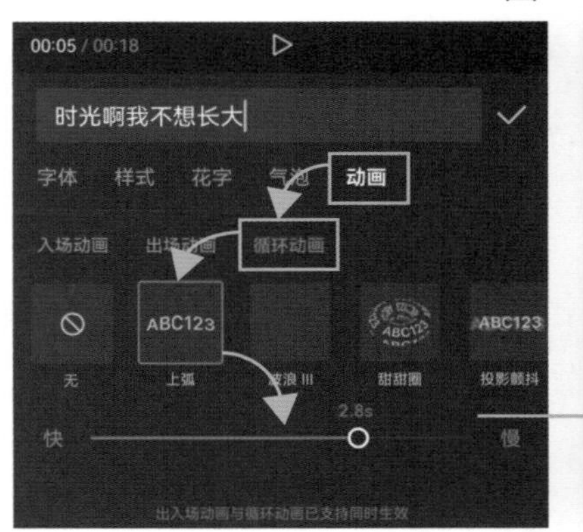

图4–34

Step11 点击“✓”完成调整返回到“批量编辑”界面。点击第二段歌词内容，设置动画参数，如图4–35所示。

Step12 使用相同的方法设置其他两组歌词动画，如图4–36、图4–37所示。

Step13 点击“✓”按钮，完成调整返回到“批量编辑”界面。继续点击“<”按钮，返回到“文字编辑”界面，如图4–38所示。

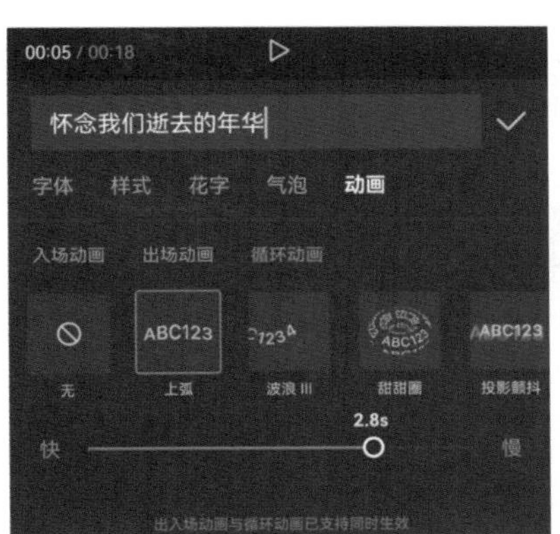

图4–35

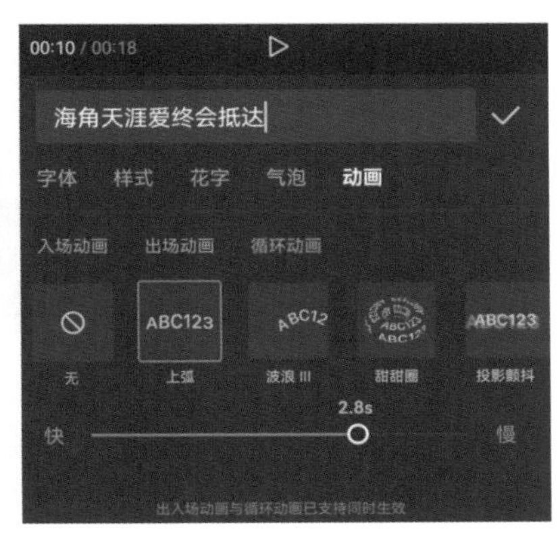

图4–36

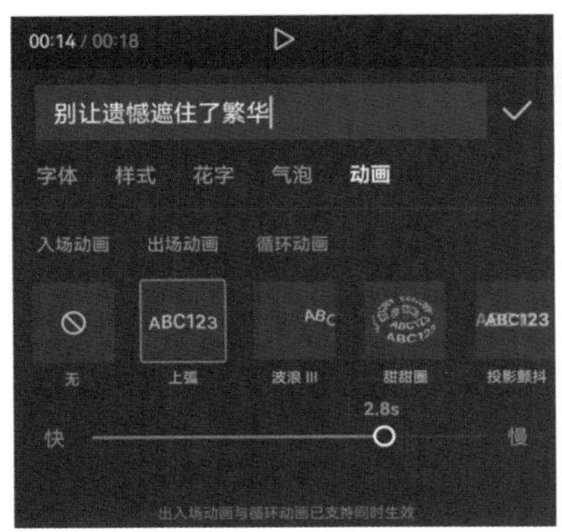

图4–37

图4–38

Step14 拖动时间线指针查看歌词与音频的适配度，如图4-39所示。

图4-39

4.3 音频的二次加工

在添加音乐、音效以及录音后，用户可对其进行二次加工，例如调节时长、音频淡入淡出、音调变速、节奏卡点等。

4.3.1 分割：调整时长

点击“分割”后可对音频进行分段、重组、复制以及删除等操作，方便对音频进行剪辑。选中音频，将时间线指针调至要分割的时间点，点击“分割”按钮即可将音频一分为二，如图4-40所示。选中其中一段音频，点击“删除”按钮即可将其删除，如图4-41所示。

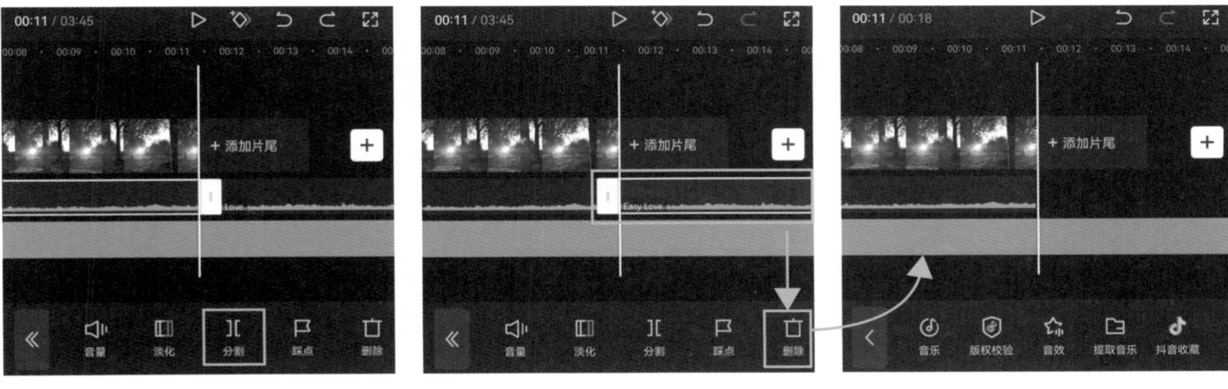

图4-40 图4-41

除了利用“分割”来调整音频时长外，还可手动改变，即选中音频，按住并拖动音频尾部的白色控制按钮，如图4-42所示。

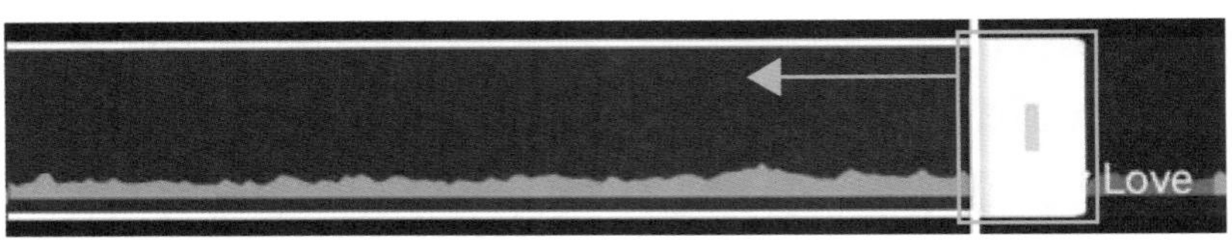

图4-42

4.3.2 淡化：自然过渡

在调节音量时，默认只能对音频整体音量大小进行调节。如要实现音量弱→强→弱这种淡入、淡出效果，可以利用淡化功能来设置。选中所需音频，点击“淡化”按钮，在“淡化”选项栏中可通过拖动“淡入时长”或“淡出时长”滑块来调节，如图4-43所示。点击“✓”按钮，则会应用相应的淡化效果，如图4-44所示。

4.3.3 变速：音调变速

视频可以设置变速，音频同样也可以设置变速。恰当的变速可增添视频的趣味性。选中音频，点击“变速”按钮，在“变速”选项栏中拖动变速滑块进行调节即可。默认为1×，向左拖动为减速，音频时长变长；向右拖动为加速，音频时长变短，如图4-45所示。勾选“声音变调”，可改变音色。

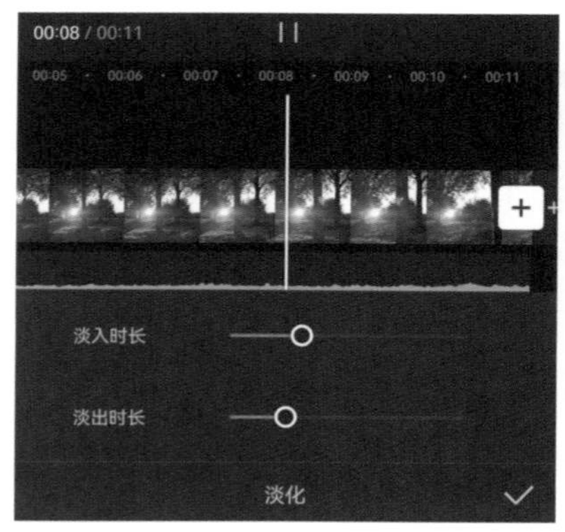

图4-43

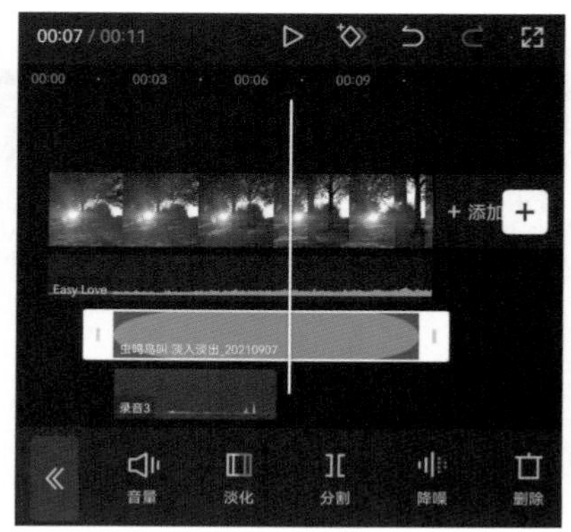

图4-44

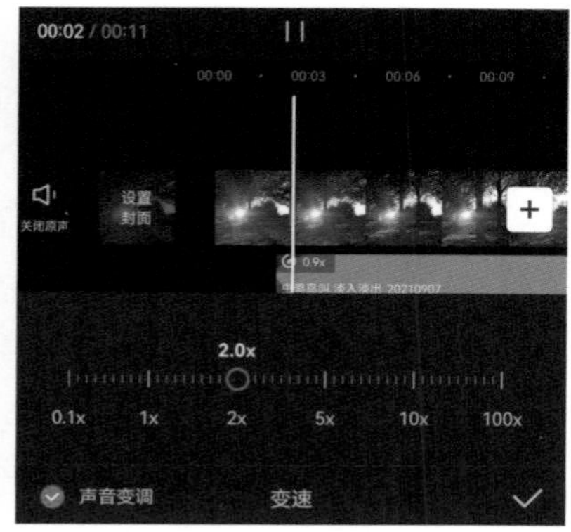

图4-45

4.3.4 踩点：节奏卡点

卡点视频可分为基础的图片卡点视频和进阶的视频卡点视频。在制作卡点视频时，通常需要选择节奏强的音频，根据音频的节奏进行踩点切换。用户在“卡点”音频中选择相关音乐会更合适。

选中音频，点击“踩点”按钮，在“踩点”选项栏中可手动或自动踩点。

- 手动：将时间线指针移动到需进行踩点的时间点，点击“+添加点”按钮，此时所在位置会添加一个黄色小标记；而点击“－删除点”按钮，可删除该标记点，如图4-46所示。
- 自动：点击“自动踩点”按钮，可选择“踩节拍Ⅰ”或“踩节拍Ⅱ”。系统会自动识别音频的节奏点，并进行标记。该功能要比手动踩点更加智能化。在自动踩点的基础上，用户还可根据需要进行手动踩点，同样点击“+添加点”或“－删除点”按钮进行调节，如图4-47所示，点击“”完成调整。

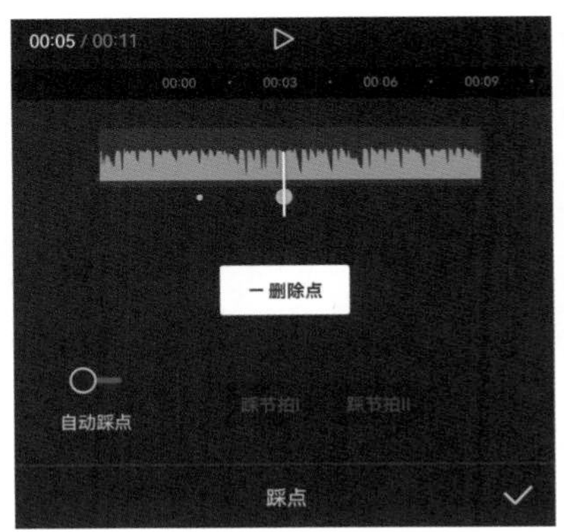

图4-46

图4-47

小试牛刀：照片卡点效果

本案例主要是利用加载音乐、踩点、转场以及入场动画制作照片卡点效果。下面将对具体的操作步骤进行介绍。

Step01 加载12张照片素材，如图4-48所示。

Step02 滑动“工具”栏点击“■比例”→“9:16”按钮，调整画面比例，如图4-49所示，效果如图4-50所示。

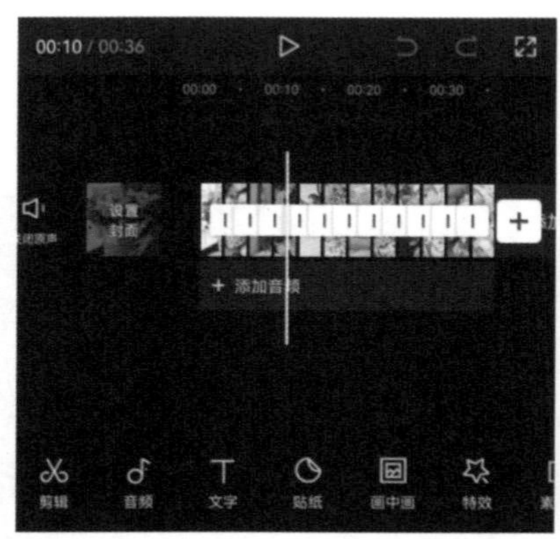

图4-48

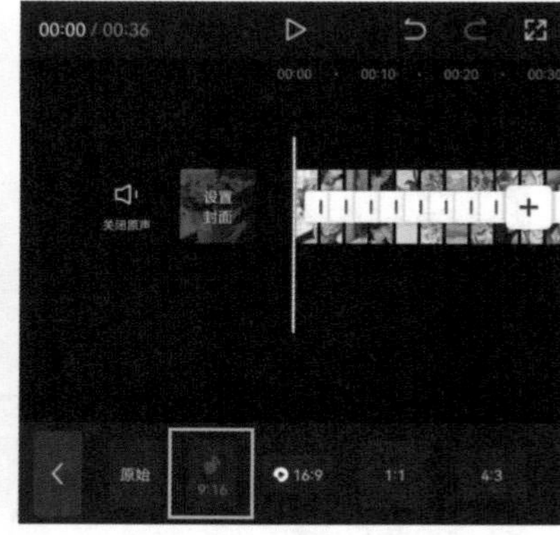

图4-49

图4-50

Step03 点击“背景”→“画布模糊”，模糊画布背景，并点击“全局应用”按钮，应用到其他画布中，如图4-51所示。应用效果如图4-52所示。

Step04 点击“音频”→“音乐”→“卡点”按钮，选择卡点音乐，点击“使用”按钮应用，如图4-53所示。

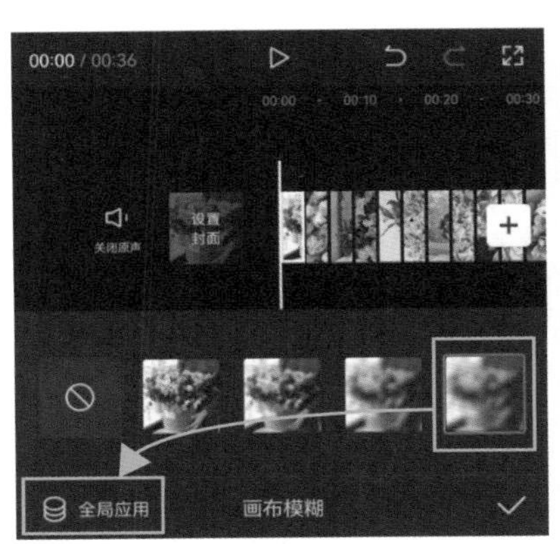

图4-51

图4-52

图4-53

Step05 选择“音频”，点击“踩点”→“自动踩点”按钮，选择“踩节拍Ⅰ”模式，如图4-54、图4-55所示。

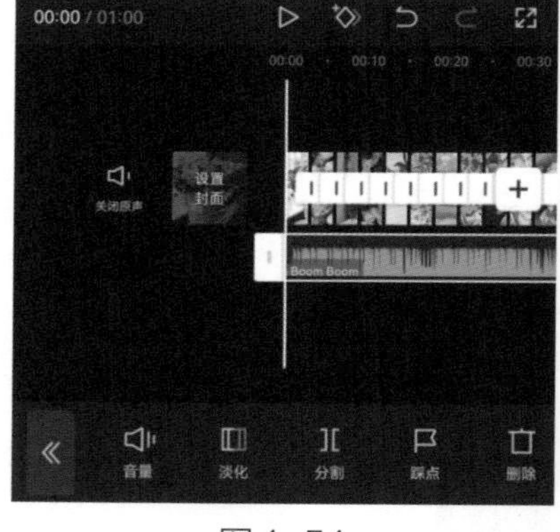

图4-54

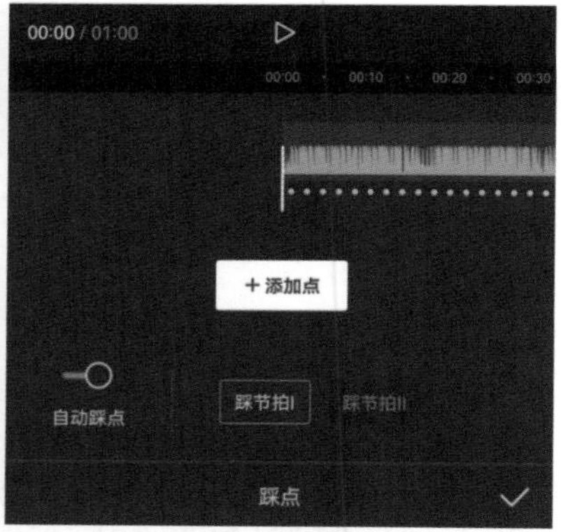

图4-55

Step06 放大轨道，将时间线指针移至第二个踩点处，选择第一张照片素材，将它调整至第二个踩点处，如图4-56所示。

Step07 将时间线指针移动到第三个踩点处，选择第二张照片素材，并将其调整至第三个踩点处，如图4-57所示。

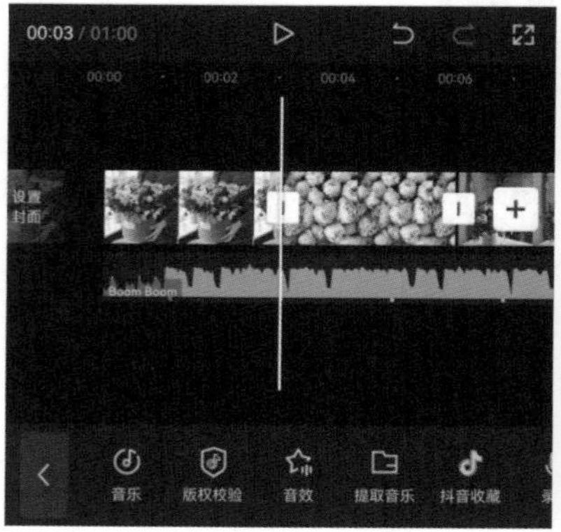

图4-56

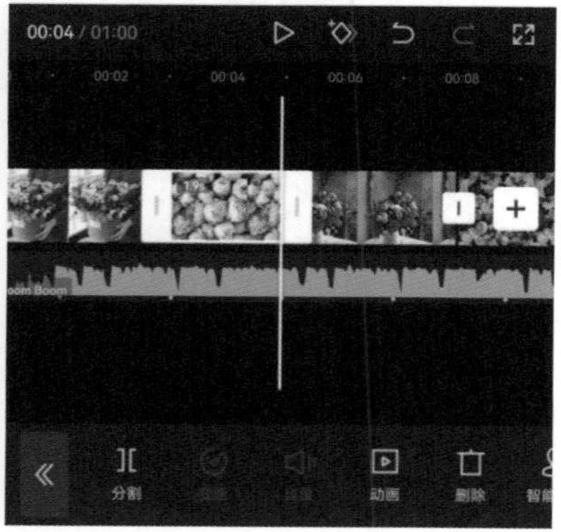

图4-57

Step08 使用相同的方法，将其他的照片素材分别调整至相应的踩点处，如图4–58所示。

Step09 选择音频轨道，点击“分割”按钮，删除多余音频，如图4–59所示，效果如图4–60所示。

Step10 点击照片轨道上第一个转场按钮“”，设置转场效果为“运镜转场”→“拉远”，并将时长设为0.9s，如图4–61所示，设置效果图4–62所示。

Step11 点击“全局应用”按钮应用至其他照片转场，效果如图4–63所示。

Step12 选择第一张照片素材，点击“动画”→“入场动画”→“缩小”按钮，设置时长为2.0s，为其添加缩小动画，如图4–64所示，效果如图4–65所示。

至此，照片卡点效果达到，点击“播放”按钮，预览最终效果。

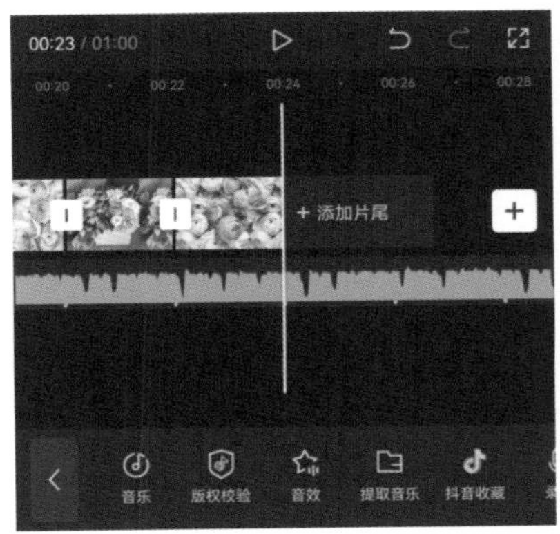

图4–58

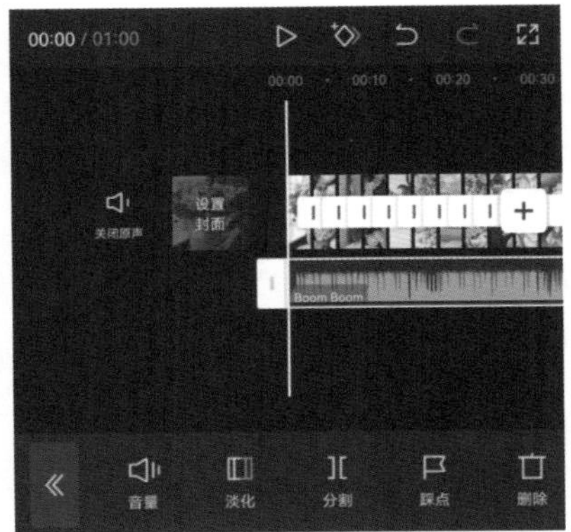

图4–59

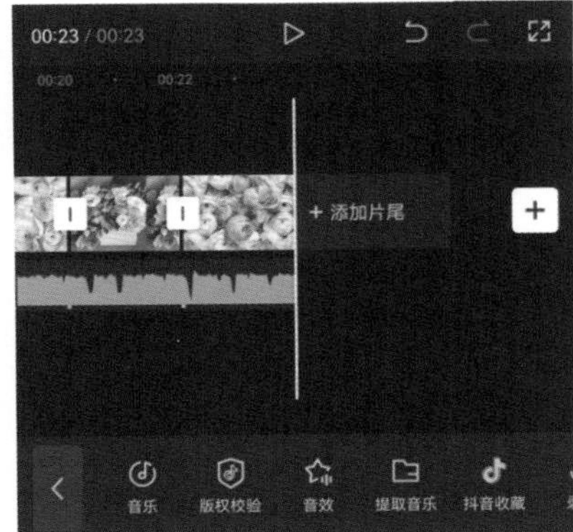

图4–60

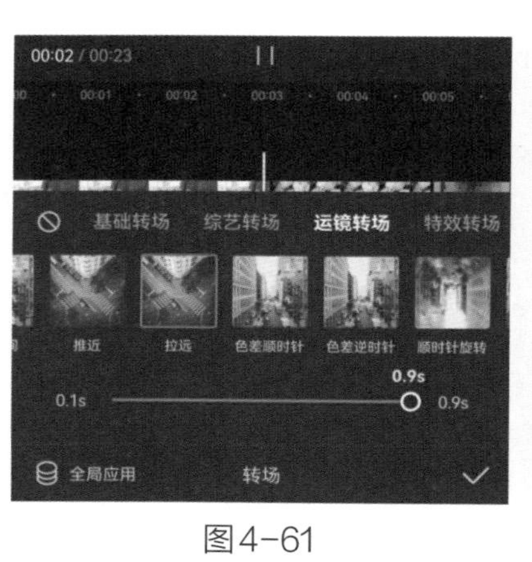

图4-61

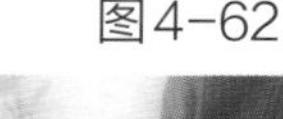

图4-62

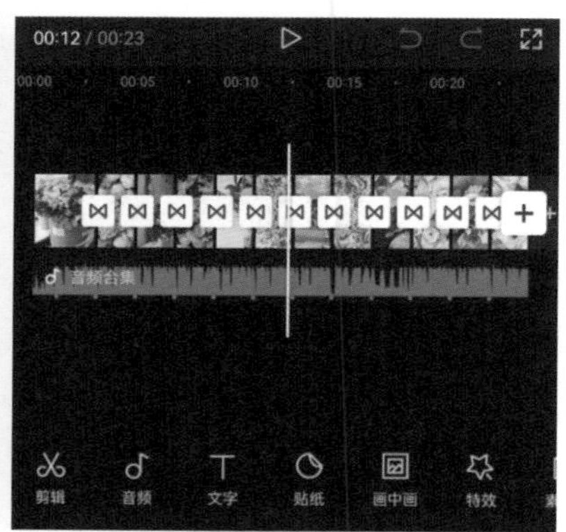

图4-63

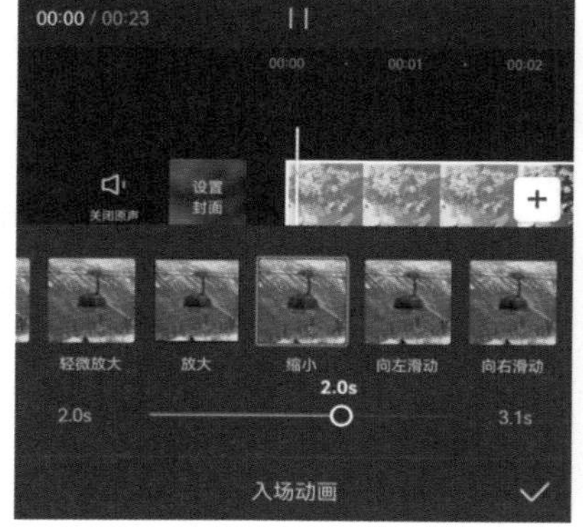

图4-64

图4-65

第 5 章

滤镜：打造高级大片感

内容导读

为视频添加滤镜可使原本平淡无奇的视频画面变得生动有趣。本章将着重对视频滤镜模式的应用进行介绍，其中包括常用滤镜模式的应用、艺术风格化滤镜模式的应用，以及画面后期调整常用技法。

学习目标

- 熟悉基础滤镜应用效果
- 熟悉艺术风格滤镜应用效果
- 熟悉后期调整的使用方式

5.1 常用的基础滤镜

在剪辑过程中，经常使用的滤镜包含人像滤镜、美食滤镜、风景滤镜、基础滤镜、夜景滤镜、露营滤镜、室内滤镜等。本节将对这些滤镜功能进行简单介绍。

5.1.1 人像滤镜

添加素材后，滑动“工具”栏点击“滤镜”按钮，如图5-1所示。在“滤镜”选项栏中滑动点击“人像”类别，可以看到该类别包含了“亮肤”“冷白”“粉瓷”等滤镜效果，如图5-2所示为“冷白”滤镜效果。点击“✓”按钮完成应用。此时，在素材轨道下方会增加滤镜轨道，用户可拖动滤镜轨道前后的白色控制按钮，调整该滤镜应用范围，如图5-3所示。

图5-1

图5-2

注意事项：

以上是在未选中素材时添加滤镜。如果是在选中素材后添加滤镜，那么滤镜则会应用至当前素材中，不会显示出滤镜轨道。

图5-3

图5-4

图5-5

5.1.2 美食滤镜

美食滤镜包含“简餐”“法餐”“烘焙”“料理”“西餐”“气泡水”等效果。在“滤镜”选项栏中滑动点击“美食”类别，并选择所需的滤镜效果即可应用，如图5-4、图5-5所示分别为应用“法餐”滤镜前后的效果，拖动滑块调整滤镜强度。

5.1.3 风景滤镜

风景滤镜包含“樱粉”“绿妍”“暮色”“晴空”“橘光”“仲夏”“晚樱”等效果。在“滤镜”选项栏中滑动点击“风景”类别，选择所需的效果即可应用，如图5-6、图5-7所示分别为应用“春日序”滤镜前后的效果。

5.1.4 基础滤镜

基础滤镜包含“清晰”“净白”“中性”“质感暗调”“去灰”这五种效果。该组滤镜不会改变画面的色调，而是改变画面的明暗对比。滑动点击“基础”类别，并选择所需效果即可应用，如图5-8、图5-9所示分别为应用“中性”滤镜前后的效果。

图5-6

1080P
导出
00:01 / 00:03
00:00
00:01
00:02
滤镜
调节
人像
美食
影视级
风景
复古胶片
基础
京都
古都
春日序
柠青
松果

图5-7

1080P
导出
00:01 / 00:03
00:00
00:01
00:02
滤镜
调节
风景
复古胶片
基础
夜景
露营
清晰
净白
中性
质感暗调

图5-8

1080P
导出
00:01 / 00:03
00:00
00:01
00:02
滤镜
调节
风景
复古胶片
基础
夜景
露营
清晰
净白
中性
质感暗调
去灰

图5-9

5.1.5 夜景滤镜

夜景滤镜包含“冷蓝”“橙蓝”“暖黄”“青灰”“红绿”这5种效果，滑动点击“夜景”类别，并选择所需效果即可应用，如图5-10、图5-11所示分别为应用“橙蓝”滤镜前后的效果。

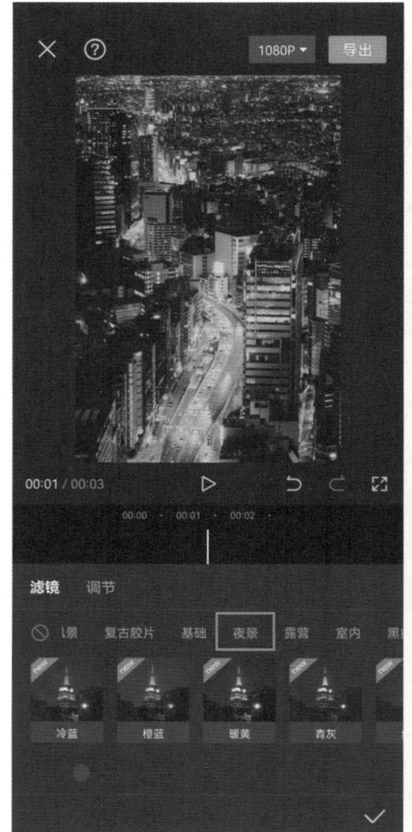

图5-10

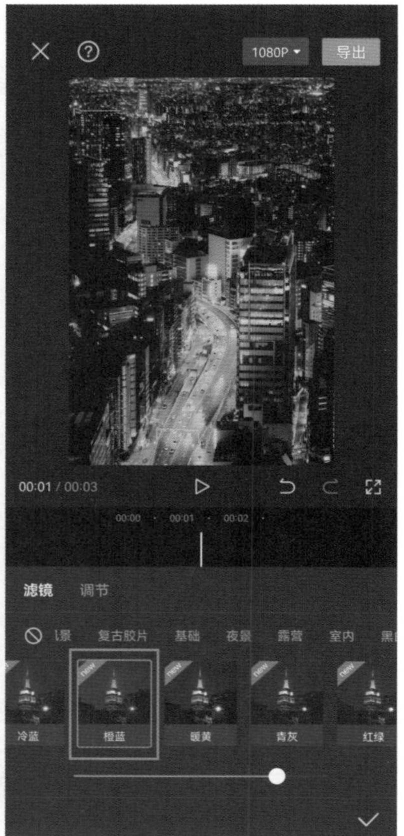

图5-11

图5-12

图5-13

5.1.6 露营滤镜

露营滤镜包含“宿营”“雾野”“山系”“林间”这4种效果。滑动点击“露营”类别，并选择所需效果即可应用，如图5-12、图5-13所示分别为应用“林间”滤镜前后的效果。

5.1.7 室内滤镜

室内滤镜包含“暗雅”“复古工业”“奶杏”“梦境”“胡桃木”“仲夏绿光”等效果。滑动点击“室内”类别，并选择所需效果即可应用，如图5-14、图5-15所示分别为应用“潘多拉”滤镜前后的效果。

图5-14

图5-15

小试牛刀：滤镜叠加

本案例主要是为照片素材添加多个滤镜。下面将对具体的操作步骤进行介绍。

Step01 加载素材至轨道中，如图5-16所示。

图5-16

Step02 滑动“工具”栏点击“滤镜”按钮，如图5-17所示。

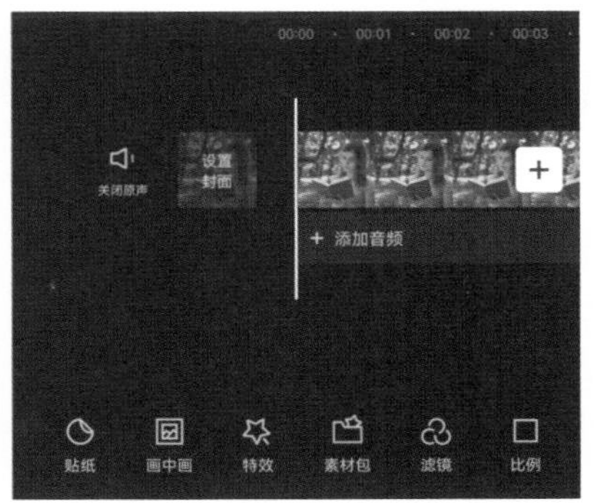

图5-17

Step03 在“选项”栏中点击“人像”→“粉瓷”，为其添加“粉瓷”滤镜，拖动滤镜滑块，调整数值为72，如图5-18所示。调整效果如图5-19所示。

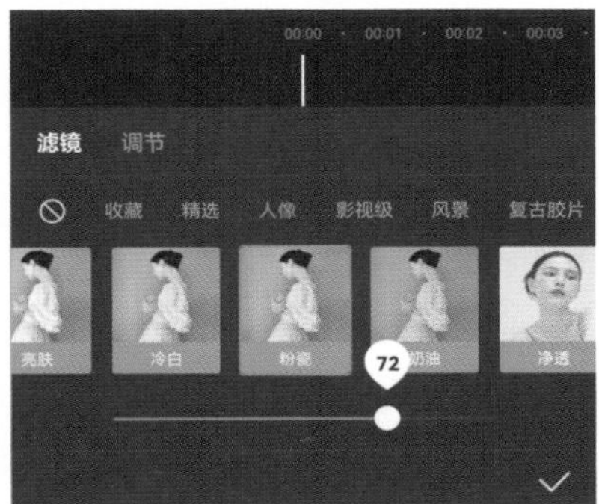

图5-18

图5-19

Step04 点击“✓”按钮，应用该滤镜，如图5-20所示。

Step05 点击空白处，点击“新增滤镜”按钮，如图5-21所示。

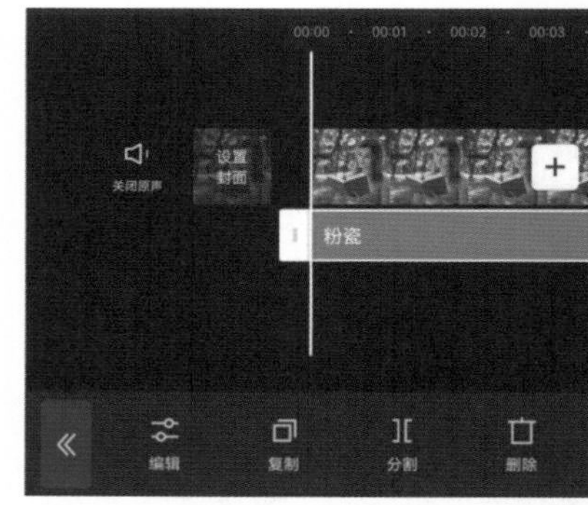

图5-20

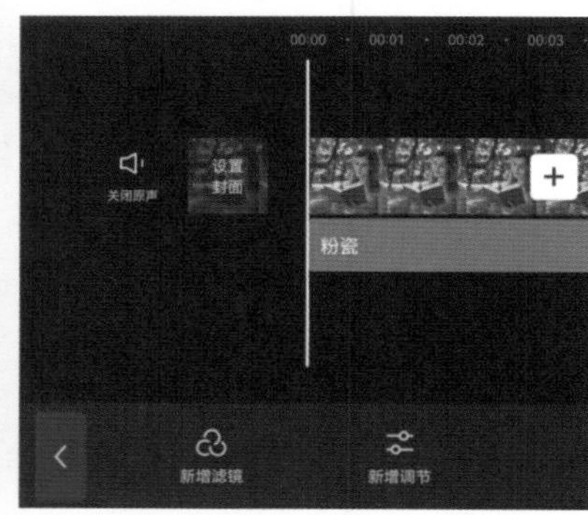

图5-21

Step06 在“滤镜”选项栏中点击“露营”→“宿营”效果，并拖动滑块调整数值为36，如图5-22所示。

Step07 点击“✓”按钮应用该滤镜，效果如图5-23所示。

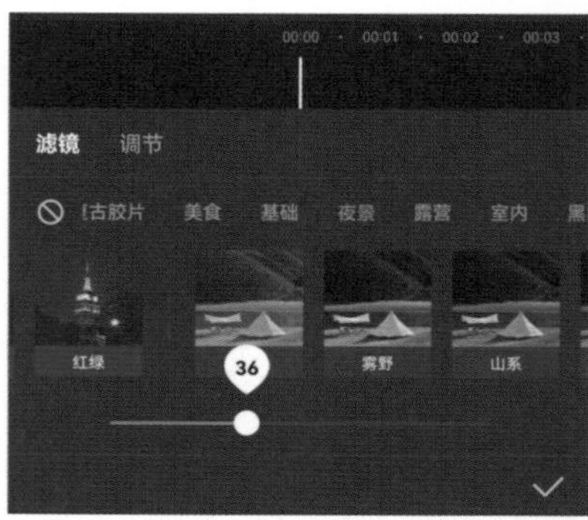

图5-22

图5-23

图5-24

图5-25

5.2 艺术风格滤镜

艺术风格滤镜包含“影视级”“复古胶片”“黑白”以及“风格化”这几种效果。该滤镜效果前后反差较大，容易吸引人们的注意力。本节将针对这些滤镜效果进行简单介绍。

5.2.1 影视级滤镜

影视级滤镜包含“青橙”“深褐”“敦刻尔克”“月升之国”等效果。在“滤镜”选项栏中滑动点击“影视级”类别，并选择所需滤镜效果即可应用，如图5-24、图5-25所示分别为应用“高饱和”滤镜前后的效果。

5.2.2 复古胶片滤镜

复古胶片滤镜包含“松果棕”“花椿”“老友记”“1980”“港风”等效果。滑动点击“复古胶片”类别，选择所需滤镜即可应用，如图5-26、图5-27所示分别为应用“KE1”滤镜前后的效果。

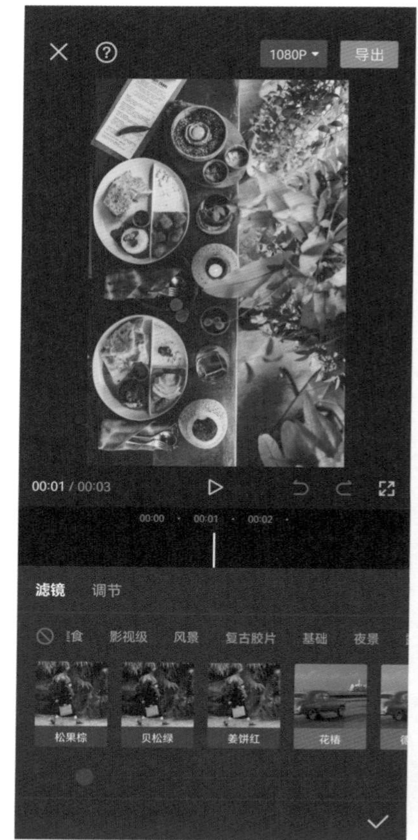

图5-26

图5-27

图5-28

图5-29

5.2.3 黑白滤镜

黑白滤镜包括“蓝调”“布朗”“赫本”“江浙沪”“褪色”等效果。滑动点击“黑白”类别，选择所需滤镜即可应用，如图5-28、图5-29所示分别为应用“牛皮纸”滤镜前后的效果。

5.2.4 风格化滤镜

风格化滤镜包含“绝对红”“蒸汽波”“暗夜”“AGB”“彩光”等效果。滑动点击“风格化”类别，选择所需滤镜即可应用，如图5-30、图5-31所示分别为应用“绝对红”滤镜前后的效果。

图5-30

图5-31

小试牛刀：渐变叠加滤镜

本案例主要为图片素材添加多个滤镜，叠加实现渐变效果。下面将对具体的操作步骤进行介绍。

Step01 导入素材至轨道中，如图5-32所示。

Step02 滑动“工具”栏点击“滤镜”按钮，如图5-33所示。

图5-32

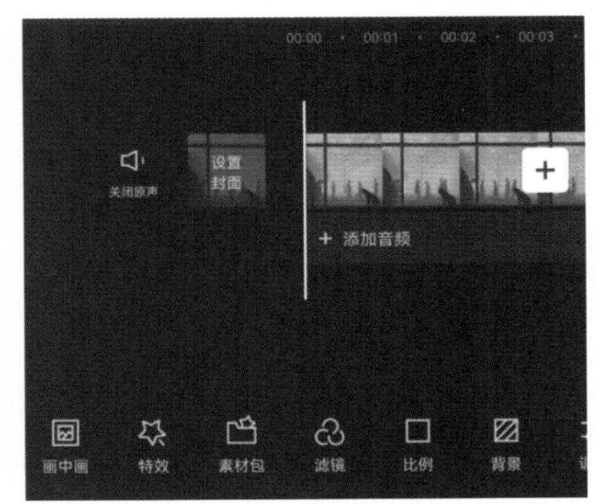

图5-33

Step03 点击“影视级”→“青黄”按钮，添加“青黄”滤镜，拖动其滑块调整数值为30，如图5-34所示。

Step04 点击“✓”按钮应用该滤镜，效果如图5-35所示。

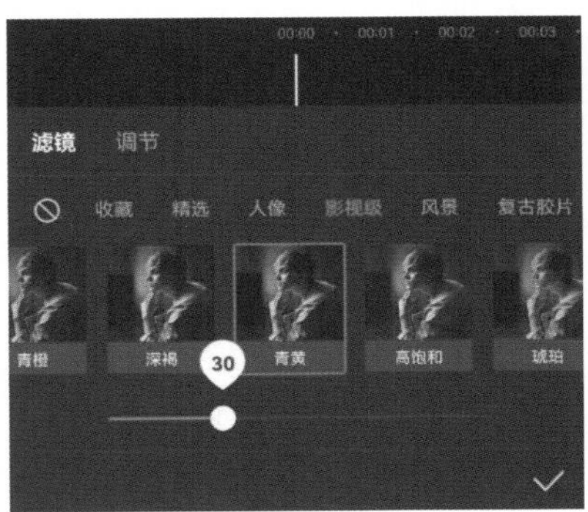

图5-34

图5-35

Step05 点击“新增滤镜”→“风格化”→“赛博朋克”，添加新的滤镜，拖动滑块调整数值为20，如图5-36所示。

Step06 点击“✓”按钮应用该滤镜，效果如图5-37所示。

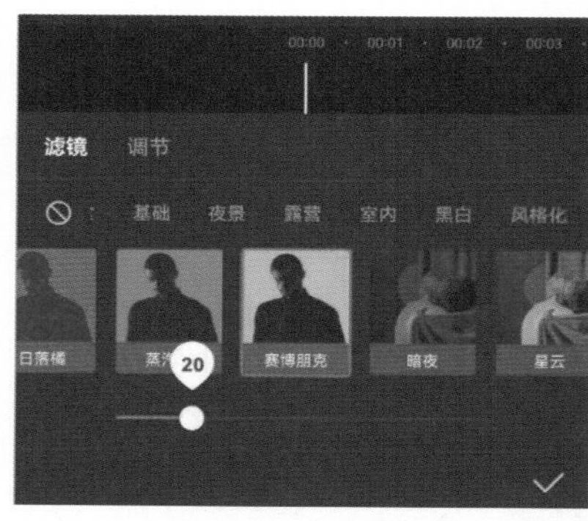

图5-36

图5-37

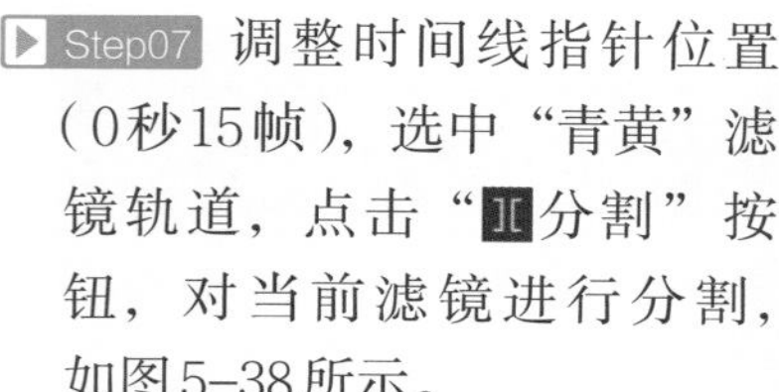
Step07 调整时间线指针位置（0秒15帧），选中“青黄”滤镜轨道，点击“分割”按钮，对当前滤镜进行分割，如图5-38所示。

Step08 选中时间线指针前的片段，点击“删除”按钮，删除0秒15帧之前的滤镜范围，如图5-39所示。

图5-38

图5-39

Step09 选择“赛博朋克”滤镜轨道，调整时间线指针位置，点击“分割”按钮，对当前滤镜进行分割，如图5-40所示。

Step10 选中时间线指针前的片段，点击“删除”按钮，删除之前的滤镜范围，效果如图5-41所示。

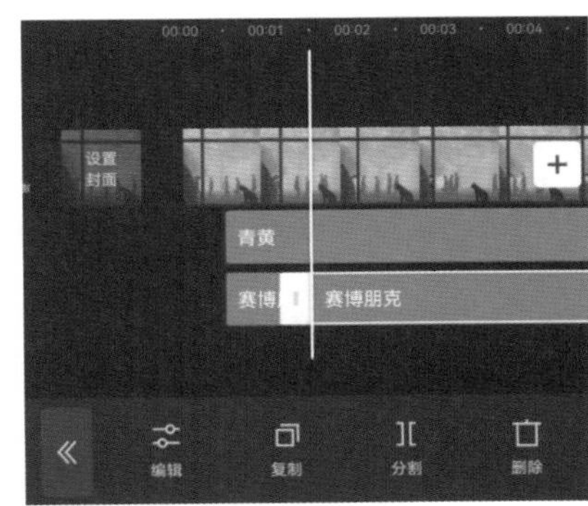

图5-40

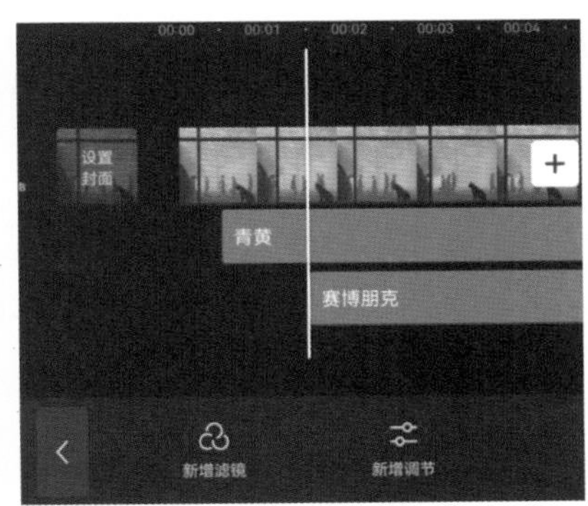

图5-41

Step11 选择“赛博朋克”滤镜轨道，每隔2s进行分割，如图5-42、图5-43所示。

图5-42

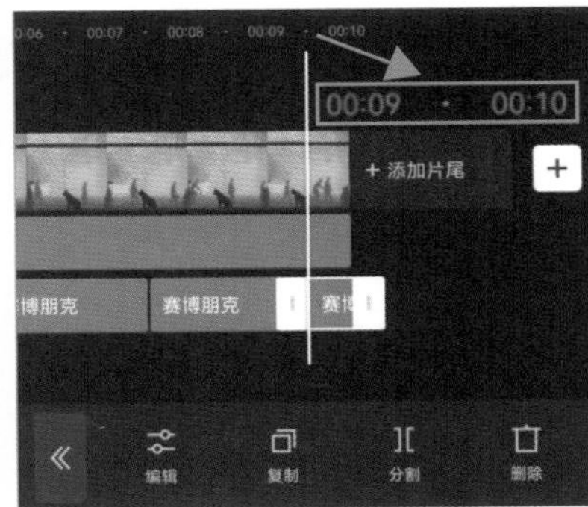

图5-43

Step12 调整时间线指针位置，选择第二段“赛博朋克”滤镜轨道，点击“编辑”按钮，调整其数值为40，如图5-44所示。

Step13 调整时间线指针位置，选择第三段“赛博朋克”滤镜轨道，点击“编辑”按钮，调整滤镜为“绝对红”，数值设为60，如图5-45所示。

Step14 使用相同的方法，设置最后一段滤镜为“绝对红”，数值设为80，如图5-46所示。设置效果如图5-47所示。

单击“播放”按钮，查看最终设置效果。

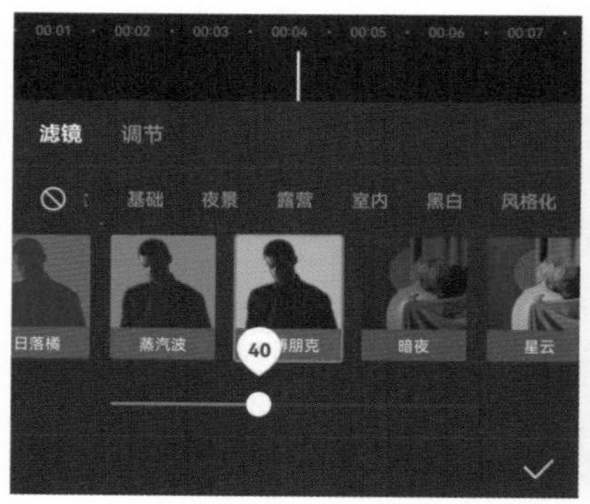

图5-44

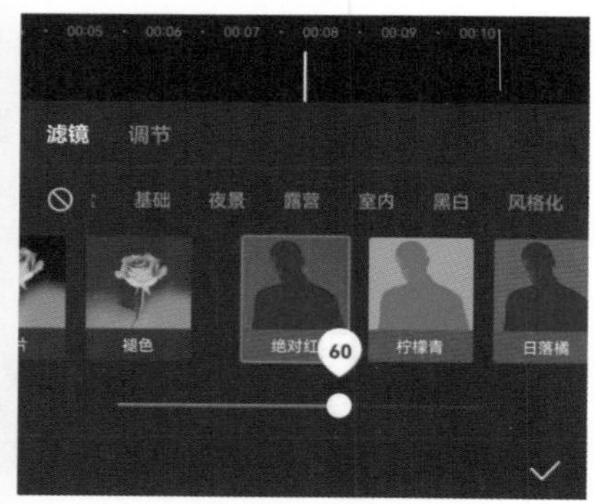

图5-45

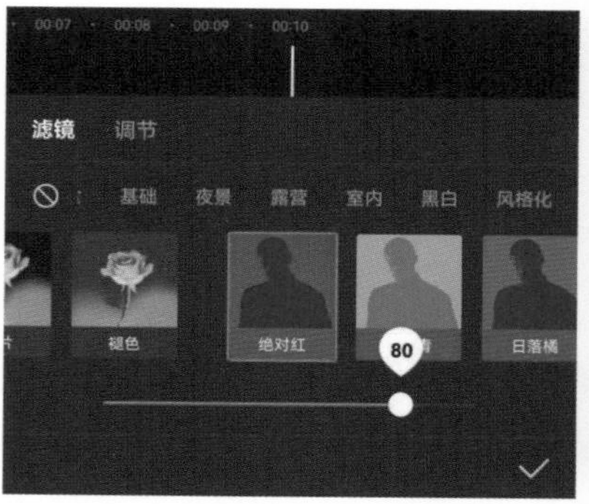

图5-46

图5-47

5.3 后期调整

本节将对视频画面的色调、饱和度、明暗度、对比度、画面混合模式以及不透明度参数进行介绍。

5.3.1 调节

添加素材后，滑动“工具”栏点击“调节”按钮，如图5-48所示。在该“选项”栏中可对“亮度”“对比度”“饱和度”“光感”等多个选项进行调整。其中点击“HSL”选项，可以选择6种颜色。通过拖动滑块，调整其“色相”“饱和度”以及“亮度”，如图5-49所示。点击“色温”选项，向左拖动滑块，其数值为负，色彩偏冷，如图5-50所示，反之偏暖，如图5-51所示。

图5-48

图5-49

图5-50

图5-51

图5-52

“调节”工具栏中共有13种工具，如图5-52所示。

该“工具”栏中各个图标的功能介绍如下：

- 亮度：调整画面的明亮程度；
- 对比度：调整画面中黑与白的对比；
- 饱和度：调整画面色彩的鲜艳度；
- 光感：调整画面的明度差，即光合背景之间的差别；
- 锐化：调整画面的锐度程度；
- HSL：调整6种颜色色值的色相、饱和度、亮度；
- 高光：调整画面中的高光部分；
- 阴影：调整画面中的阴影部分；
- 色温：调整画面中色彩的冷暖倾向；
- 色调：调整画面中颜色的倾向；
- 褪色：调整照片低饱和度，使照片整体变灰；
- 暗角：调整照片四周的亮度；
- 颗粒：为照片添加颗粒胶片感。

5.3.2 混合模式

在剪辑过程中，若添加多个素材，可调整混合模式营造意想不到的效果。剪映中的图层混合模式一共有11种，如图5-53所示。

图5-53

在了解混合模式之前，首先要了解3种颜色的含义。

- 基色：图像中的原稿颜色。
- 混合色：通过绘画或编辑工具应用的颜色。
- 结果色：混合后得到的颜色。

该“工具”栏中各个混合模式的功能介绍如下：

- 正常：该模式为默认的混合模式，使用此模式时，素材画面之间不会发生相互作用。
- 变暗：选择基色或混合色中较暗的颜色作为结果色。
- 滤色：将混合色的互补色与基色进行正片叠底。
- 叠加：对颜色进行正片叠底或过滤，具体取决于基色。图案或颜色在现有像素上叠加，同时保留基色的明暗对比。
- 正片叠底：将基色与混合色进行正片叠底。

- 变亮：选择基色或混合色中较亮的颜色作为结果色。
- 强光：该模式的应用效果与柔光类似，但其变亮与变暗的程度比“柔光”模式强很多。
- 柔光：使颜色变暗或变亮，具体取决于混合色。若混合色（光源）比50%灰色亮，则图像变亮；若混合色（光源）比50%灰色暗，则图像加深。
- 线性加深：通过减小亮度使基色变暗以反映混合色。
- 颜色加深：通过增加二者之间的对比度使基色变暗以反映混合色。
- 颜色减淡：通过减小二者之间的对比度使基色变亮以反映混合色。

添加素材后，调整画面大小，点击“画中画”按钮，在新的轨道中添加画中画素材。在“工具”栏中点击“混合模式”按钮，如图5-54所示，默认的为正常，如图5-55所示。在该“选项”栏中可以选择“变暗”“滤色”“叠加”“正片叠底”等多个混合模式，如图5-56、图5-57所示分别为“叠加”与“强光”混合模式效果。滑动下方滑块，可调整混合模式的不透明度。

图5-54

注意事项：

混合模式不能用于主轨道素材，需通过添加画中画素材才能实现。

图5-55

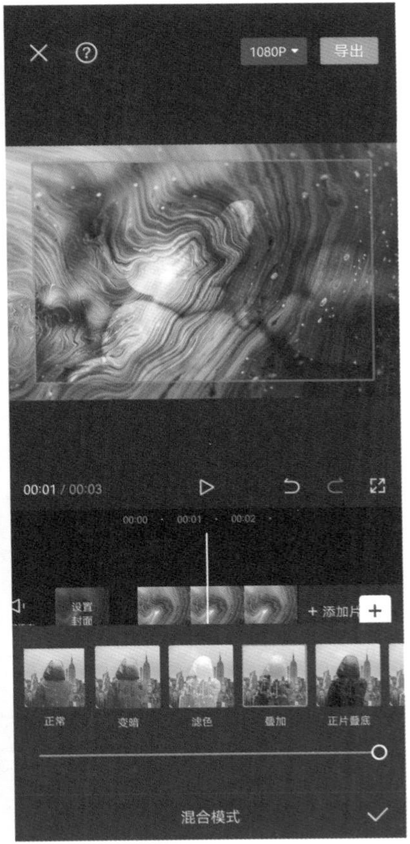

图5-56

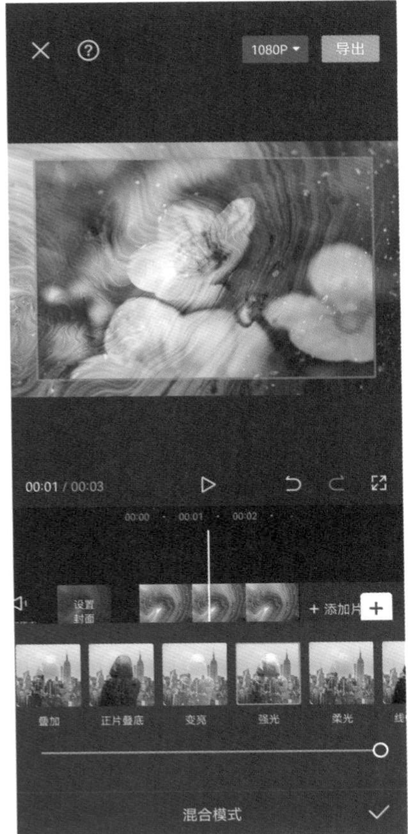

图5-57

5.3.3 不透明度

利用“不透明度”选项可调整素材画面的透明属性，包括混合模式。

添加素材后，默认的为黑色背景。滑动“工具”栏点击“背景”按钮，设置画布样式。滑动“工具”栏点击“剪辑”→“不透明度”按钮，默认值为100，即完全不透明，如图5-58所示。向左拖动滑块，可调整不透明度。不透明度的大小决定图像的显示程度，可透过该图层看到下一层画面，如图5-59、图5-60所示分别为不透明度数值为50和0效果。

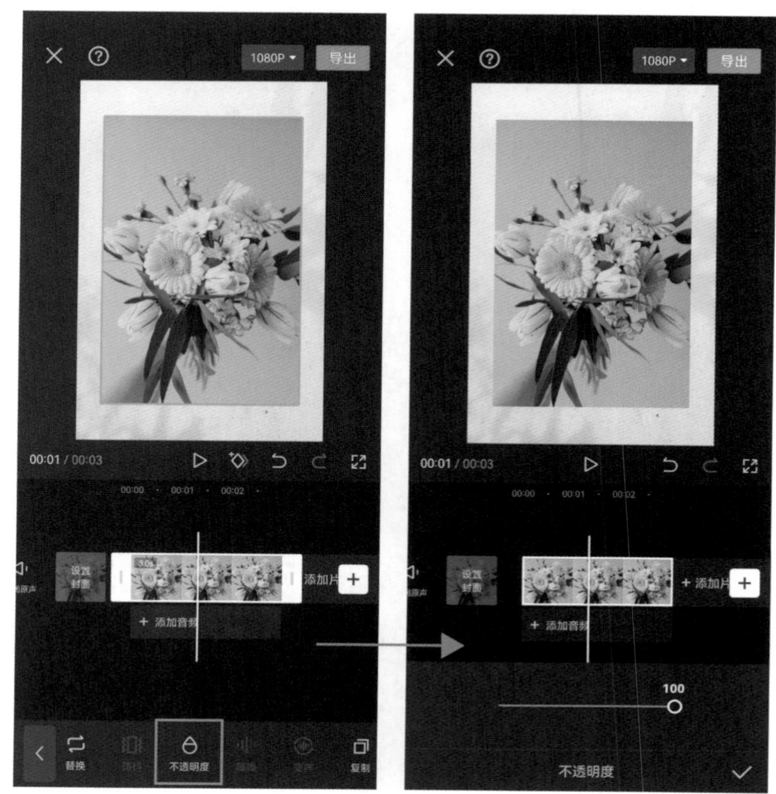

图5-58

1080P
导出
00:01 / 00:03
00:00
00:01
00:02
设置
封面
+ 添加片
+ 添加音频
50
不透明度
图5-59

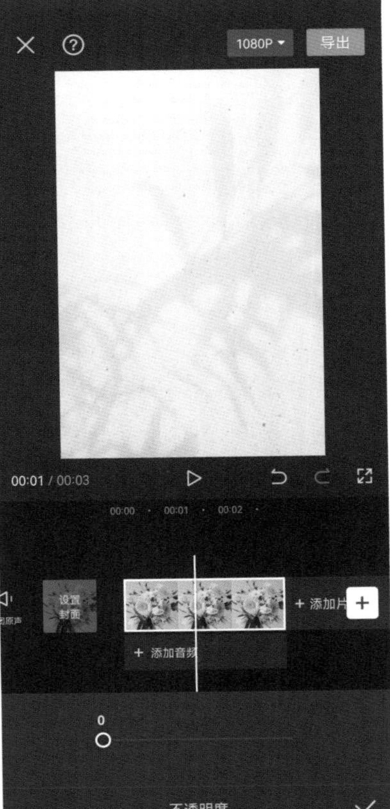
1080P
导出
00:01 / 00:03
00:00
00:01
00:02
设置
封面
+ 添加片
+ 添加音频
0
不透明度
图5-60

小试牛刀：夜晚街景

本案例主要是使用比例、背景、滤镜、调节功能以及混合模式对夜晚街景进行调整。下面将对具体的操作步骤进行介绍。

Step01 导入素材至轨道中，如图5-61所示。

Step02 滑动“工具”栏点击“■比例”按钮，如图5-62所示。

Step03 将画面比值设为“1:1”，如图5-63所示。

Step04 滑动“工具”栏点击“▨背景”→“画布模糊”按钮，选择模糊样式，如图5-64所示。

图5-61

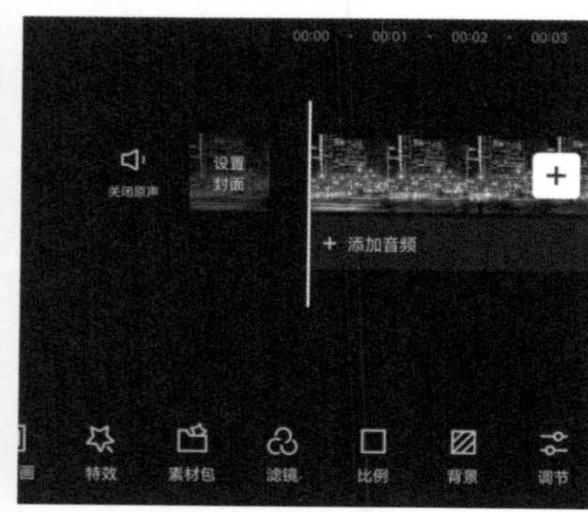

图5-62

图5-63

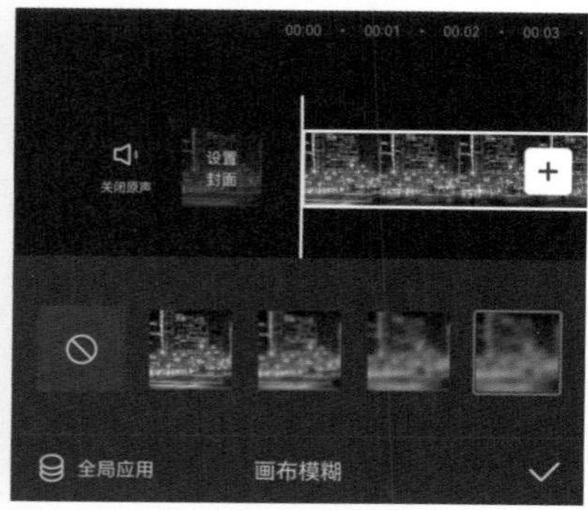

图5-64

▶ Step05 滑动“工具”栏点击“滤镜”→“夜景”→“冷蓝”，并调整参数为55，如图5-65所示。设置效果如图5-66所示。

▶ Step06 点击空白处，继续点击“新增调节”按钮，如图5-67所示。

▶ Step07 点击“亮度”按钮，并调整其参数为-7，如图5-68所示，设置效果如图5-69所示。

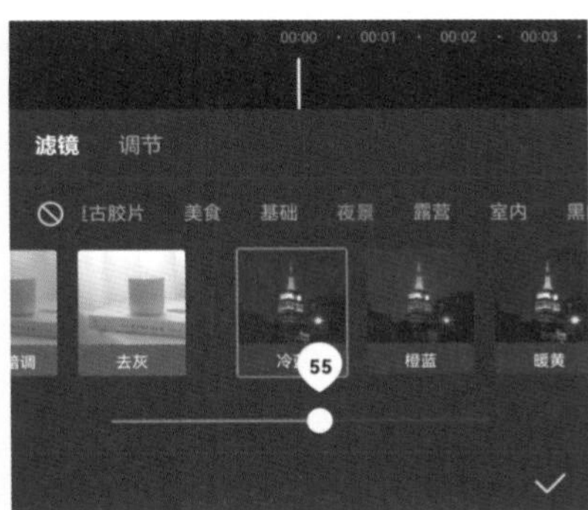

图5-65

图5-66

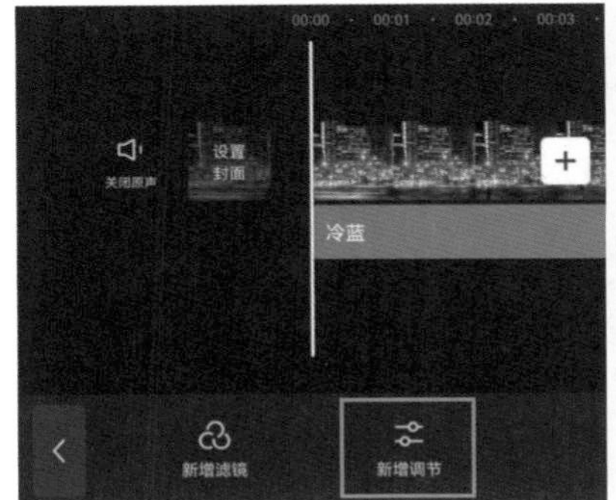

图5-67

图5-68

图5-69

▶ Step08 点击“◐对比度”按钮，并调整其参数为6，如图5-70所示。

▶ Step09 点击“光感”按钮，调整参数为－17，如图5-71、图5-72所示。

▶ Step10 点击“HSL”→“●”按钮，调整“饱和度”为22、“亮度”为23，如图5-73所示。点击“●”按钮，调整“饱和度”为48、“亮度”为－32，如图5-74所示。调整后的灯光效果如图5-75所示。

▶ Step11 点击“阴影”按钮，将其参数设为－15，如图5-76所示。

▶ Step12 点击“色温”按钮，调整参数为－18，如图5-77所示，设置效果如图5-78所示。

图5-70

图5-71

图5-72

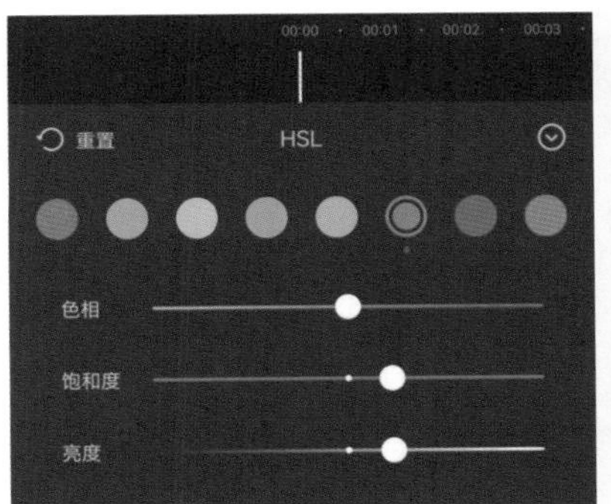

图5-73

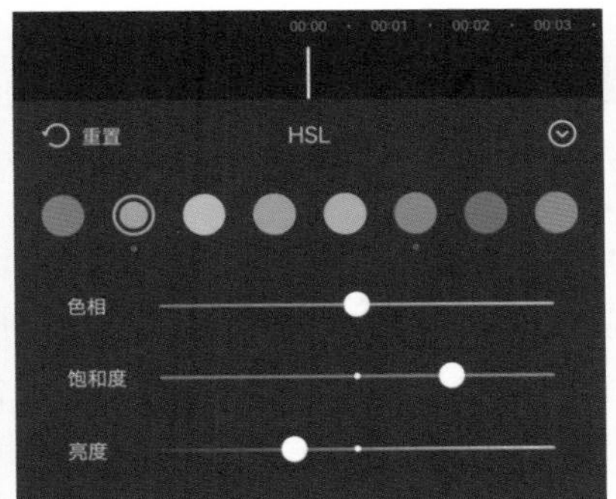

图5-74

图5-75

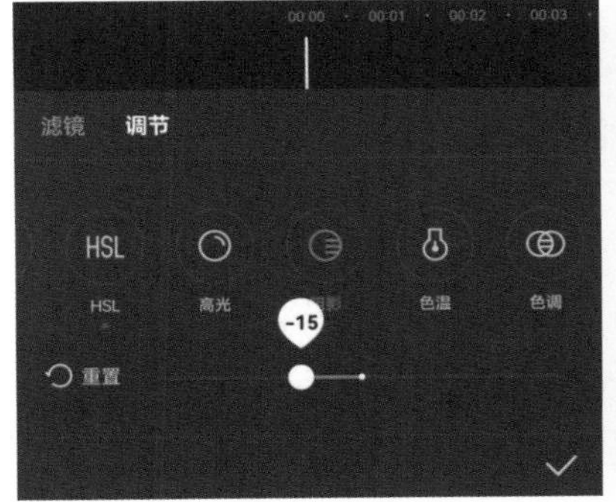

图5-76

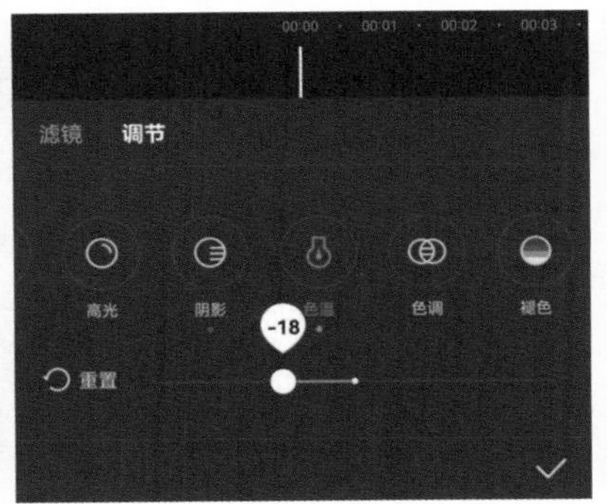

图5-77

图5-78

Step13 点击"暗角"按钮，调整参数为22，如图5-79所示。点击"颗粒"按钮，并调整参数为35，如图5-80所示。设置效果如图5-81所示。

Step14 选择视频片段，在"工具"栏中点击"复制"按钮，如图5-82所示。

Step15 选择复制的片段，点击"切画中画"按钮，如图5-83所示，设置结果如图5-84所示。

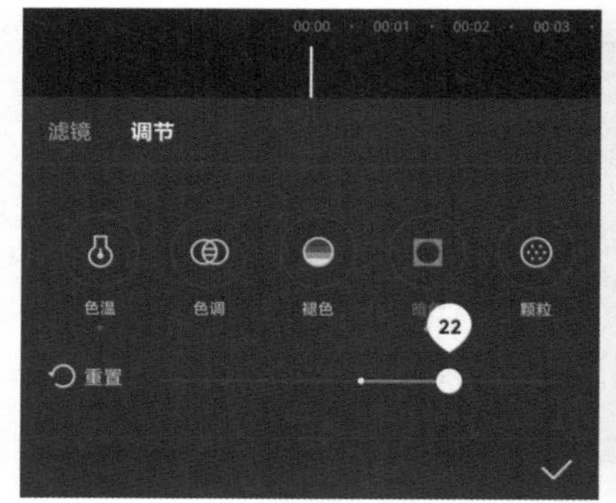

图5-79

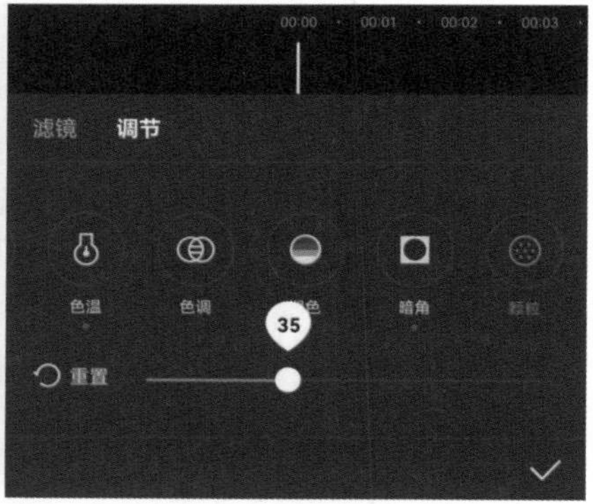

图5-80

图5-81

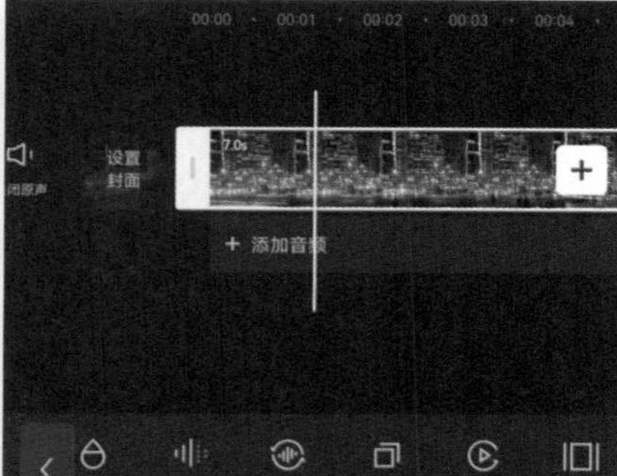

图5-82

Step16 按住复制的片段，并拖动至与原片段对齐，如图5-85所示。

Step17 点击“混合模式”按钮，在该“选项”栏中点击“滤色”，并设置“不透明度”为50，如图5-86所示，设置效果如图5-87所示。点击“播放”按钮，预览最终设置效果。

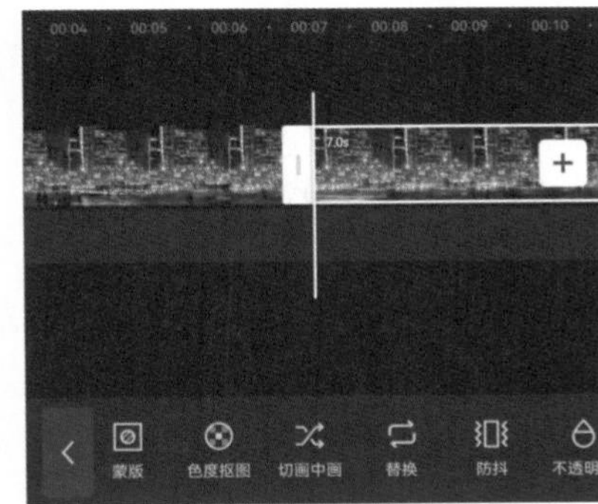

图5-83

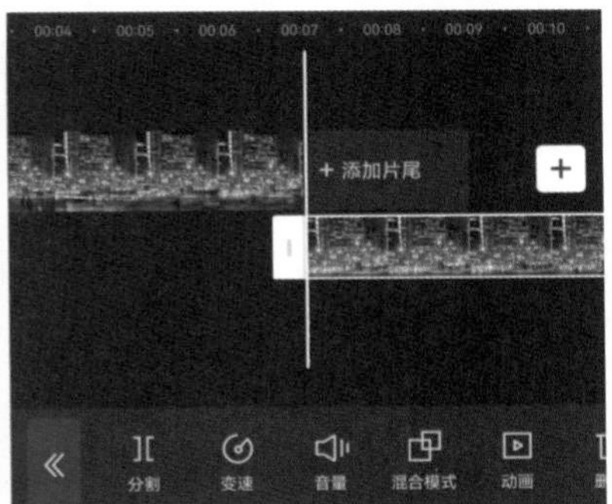

图5-84

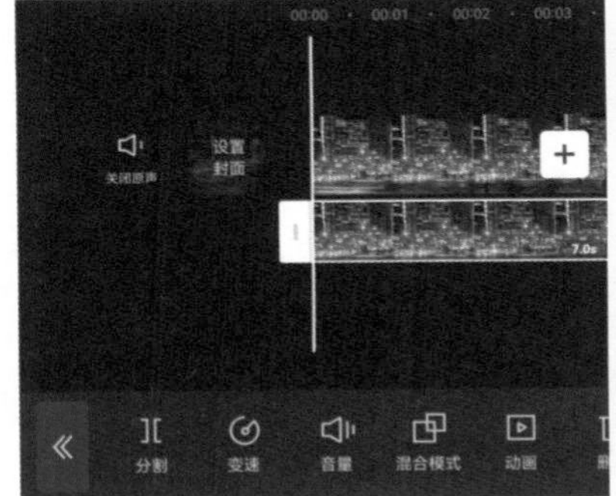

图5-85

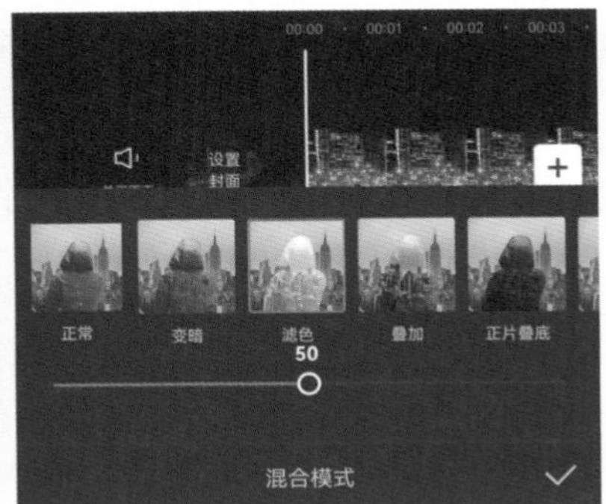

图5-86

图5-87

第6章

美颜：视频也要美美哒

内容导读

本章主要对美颜效果的应用方式进行讲解，包括磨皮、瘦脸、大眼、瘦鼻、美白、白牙等独立的智能美颜，瘦身、长腿、瘦腰、小头等快速的智能美体以及手动美体，可以拉长、瘦腿瘦身、放大缩小自定义调整选区。掌握以上美颜调整方式，塑造完美镜头感。

学习目标

- 掌握智能美颜的应用方式与效果
- 掌握智能美体的应用方式与效果
- 掌握手动美体的应用方式与效果

6.1　智能美颜

美颜是后期处理中不可或缺的。添加素材后，滑动“工具”栏点击“剪辑”→“美颜美体”按钮，如图6-1所示。在下一级“工具”栏中显示三个设置选项，分别为“智能美颜”“智能美体”以及“手动美体”，如图6-2所示。

图6-1

图6-2

图6-3

图6-4

（1）磨皮

点击“智能美颜”按钮，在该选项栏中可以选择“磨皮”“瘦脸”“大眼”“瘦鼻”“美白”以及“白牙”，如图6-3所示。点击“磨皮”按钮，并拖动滑块，可调整磨皮的强度，数值越大皮肤越光滑，如图6-4所示。

（2）瘦脸

点击"瘦脸"按钮，拖动其滑块可调整瘦脸的强度，数值越大，脸型越小，如图6-5、图6-6所示。系统会自动识别人物脸型，对面部进行不同程度的瘦脸处理。

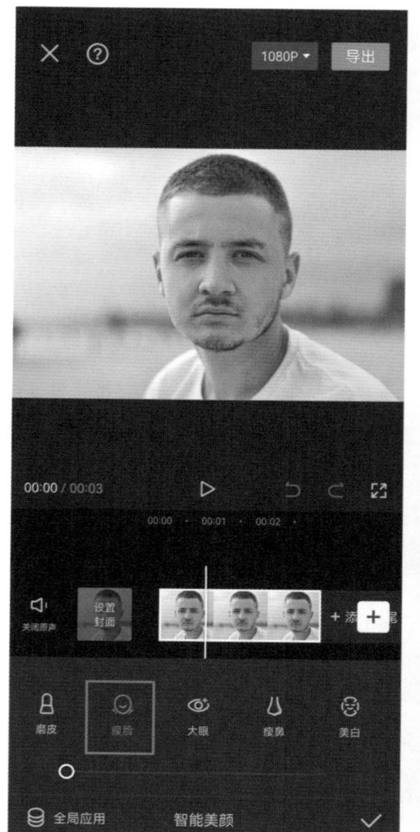

图6-5

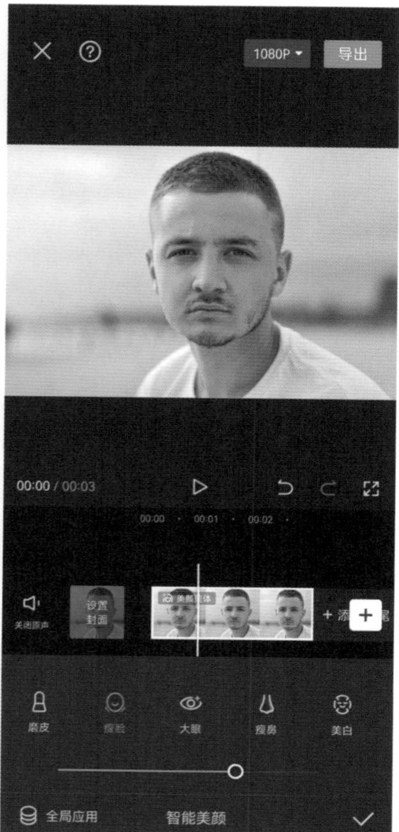

图6-6

图6-7

图6-8

（3）大眼

点击“大眼”按钮，拖动其滑块调整大眼的强度，数值越大，眼睛就越大，如图6-7、图6-8所示。“大眼”效果可以智能调整眼睛的大小、高度与宽度。

（4）瘦鼻

点击“瘦鼻”按钮，拖动其滑块调整鼻翼的宽度，数值越大，鼻翼就越窄，如图6-9所示。

（5）美白

点击“美白”按钮，拖动其滑块调整皮肤的美白强度，数值越大，皮肤就越白，如图6-10所示。

（6）白牙

点击“白牙”按钮，拖动其滑块调整牙齿的美白强度，数值越大，牙齿越白，如图6-11所示。

图6-9

图6-10

图6-11

小试牛刀：调整人物肤色

本案例主要是使用“智能美颜”对人物的肤色进行调整。下面将对具体的操作步骤进行介绍。

Step01 导入素材至轨道中，如图6-12所示。

Step02 滑动“工具”栏点击“剪辑”→“美颜美体”按钮，出现如图6-13所示画面。

Step03 点击“智能美颜”→“磨皮”按钮，拖动滑块调整数值为51，如图6-14所示，设置效果如图6-15所示。

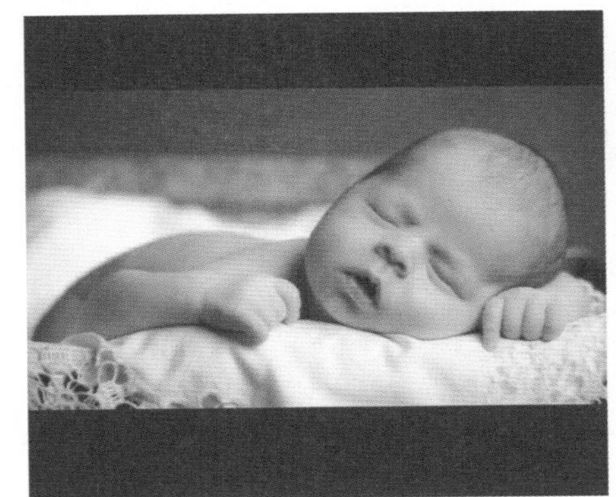

图6-12

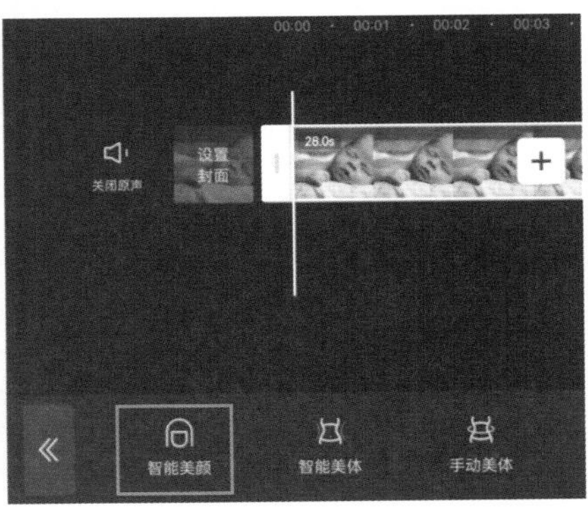

图6-13

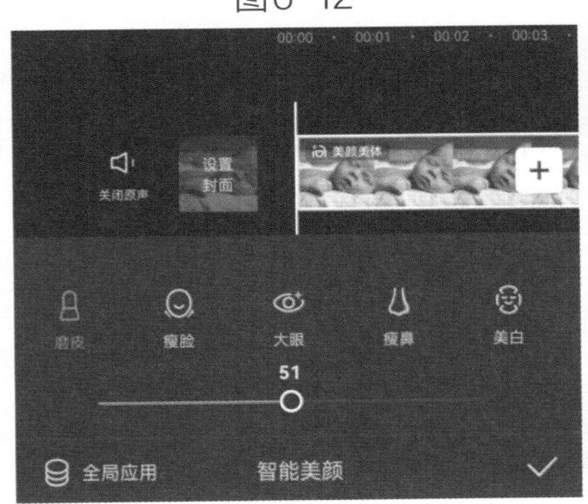

图6-14

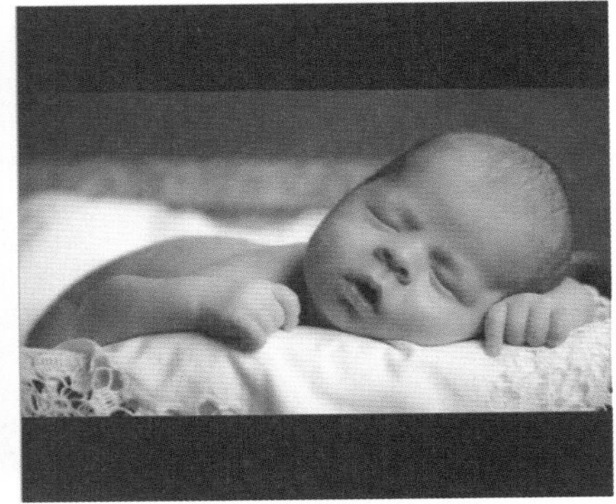

图6-15

Step04 点击“瘦鼻”按钮，拖动滑块调整数值为41，如图6-16所示。设置效果如图6-17所示。

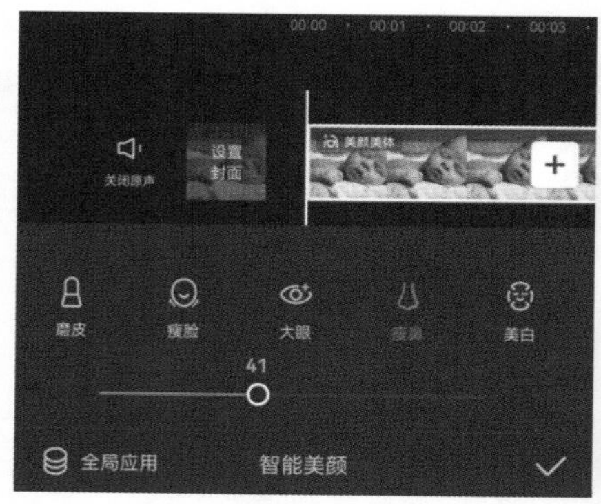

图6-16

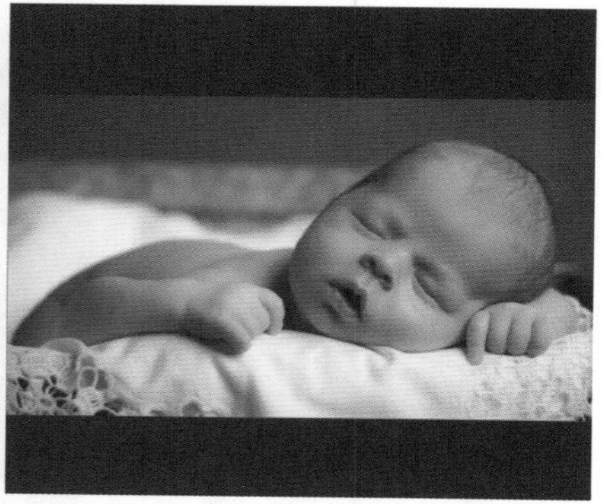

图6-17

Step05 点击“美白”按钮，拖动滑块调整数值为100，如图6-18所示。点击“✓”按钮，设置效果如图6-19所示。

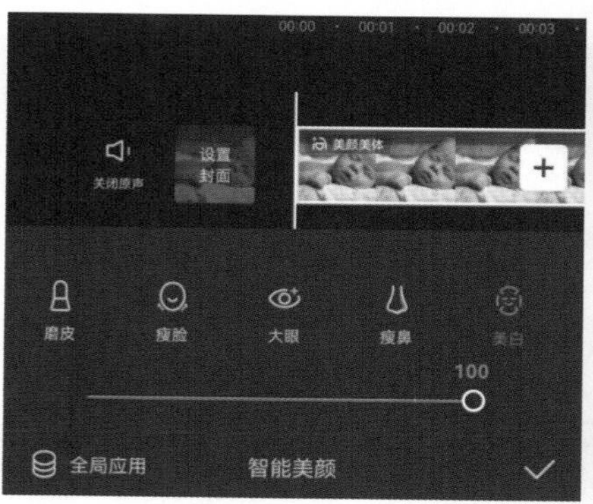

图6-18

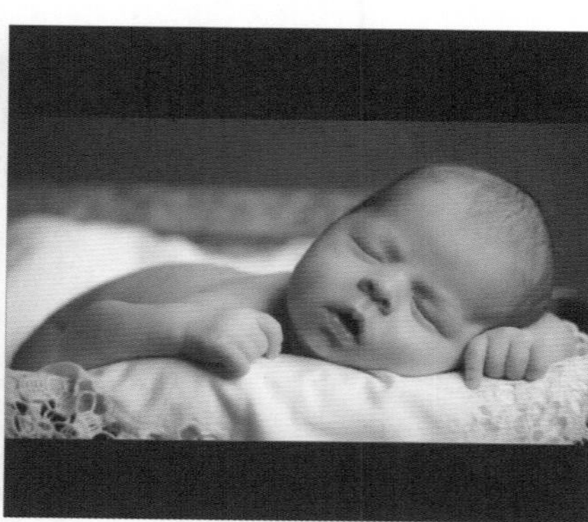

图6-19

图6-20

6.2 智能美体

添加素材后，滑动“工具”栏点击“剪辑”→“美颜美体”→“智能美体”按钮，在该选项栏中可选择“瘦身”“长腿”“瘦腰”以及“小头”。

（1）瘦身

点击“瘦身”，拖动滑块调整身体的宽窄，数值越大，身型越窄，如图6-20所示。

（2）长腿

点击“长腿”，拖动滑块调整腿的长度，数值越大，腿越长，如图6-21所示。

图6-21

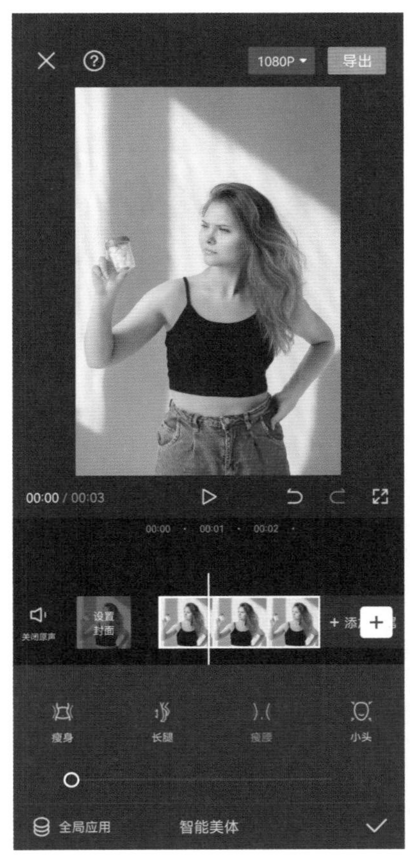

图6-22

（3）瘦腰

点击“瘦腰”，拖动滑块调整瘦腰的强度，数值越大，腰身越细，如图6-22所示。

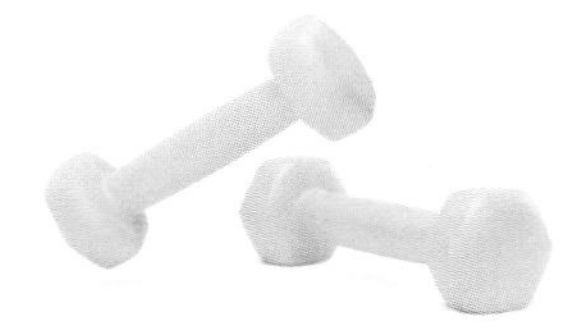

（4）小头

点击“小头”，拖动滑块调整头的大小，数值越大，头型越小，如图6-23所示。

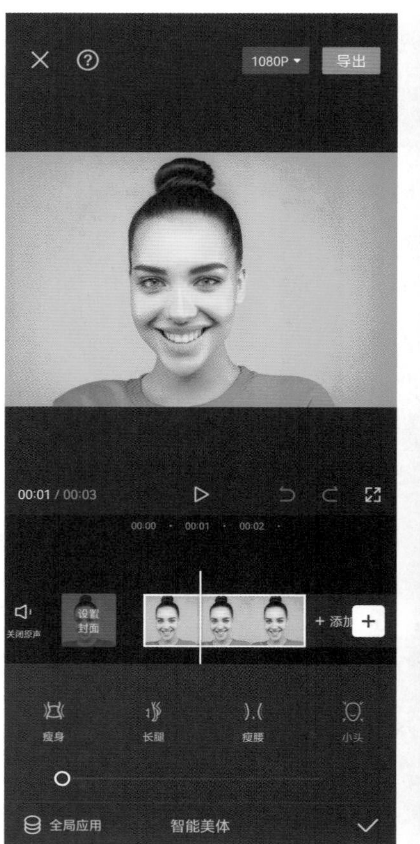

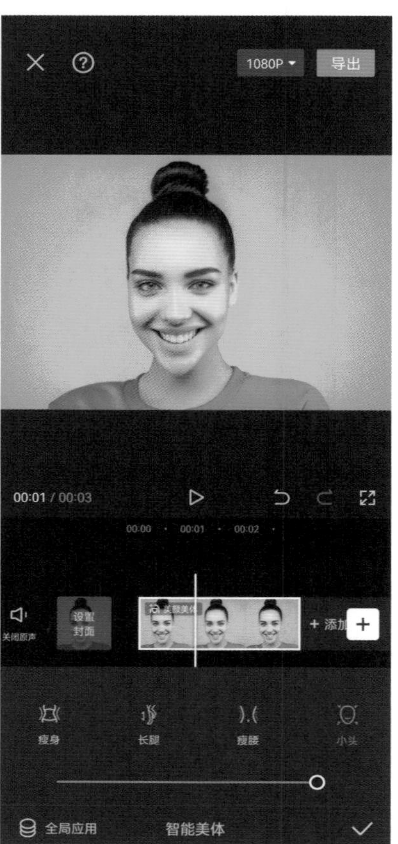

图6-23

小试牛刀：快速调整人物形体

本案例主要是使用“智能美体”对人物的形体进行调整，下面将对具体的操作步骤进行介绍。

Step01 导入素材至轨道中，如图6-24所示。

Step02 为其添加“酷白”滤镜效果，如图6-25所示。

Step03 滑动“工具”栏点击“剪辑”→“美颜美体”→“智能美体”→“瘦身”按钮，拖动滑块调整数值为79，如图6-26所示。

Step04 点击“长腿”按钮，拖动滑块调整数值为66，如图6-27所示。

图6-24

图6-25

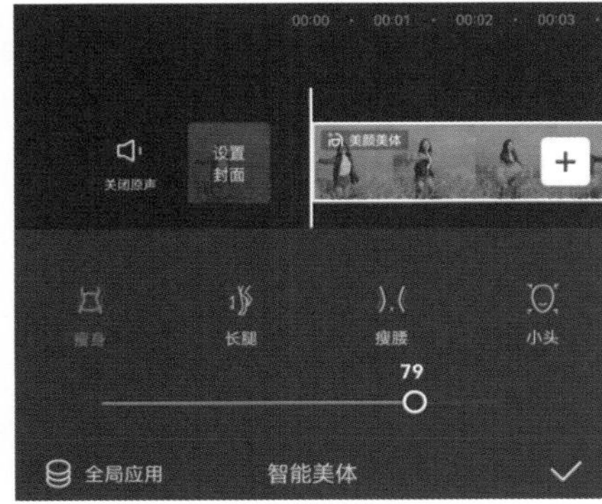

图6-26

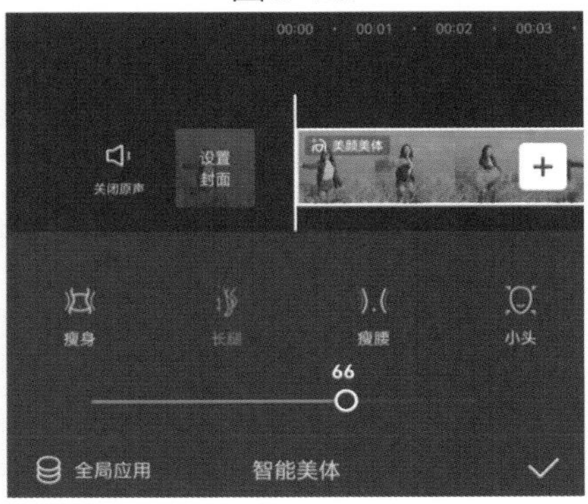

图6-27

▶ Step05 点击“)..(瘦腰”按钮，拖动滑块调整数值为54，如图6-28所示。

▶ Step06 点击“小头”按钮，拖动滑块调整数值为46，如图6-29所示。

▶ Step07 点击“✓”按钮完成调整，效果如图6-30所示。

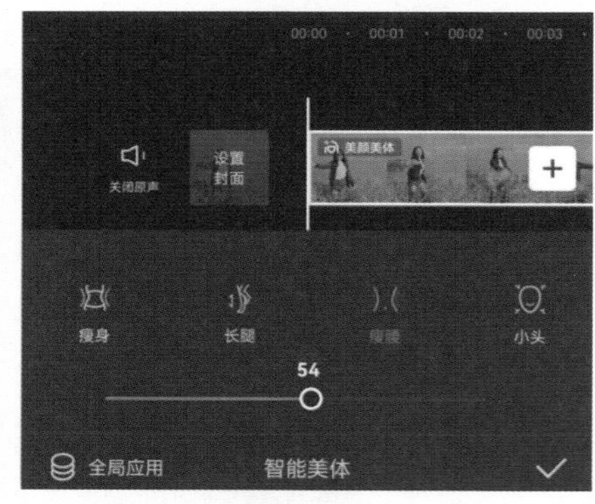

图6-28

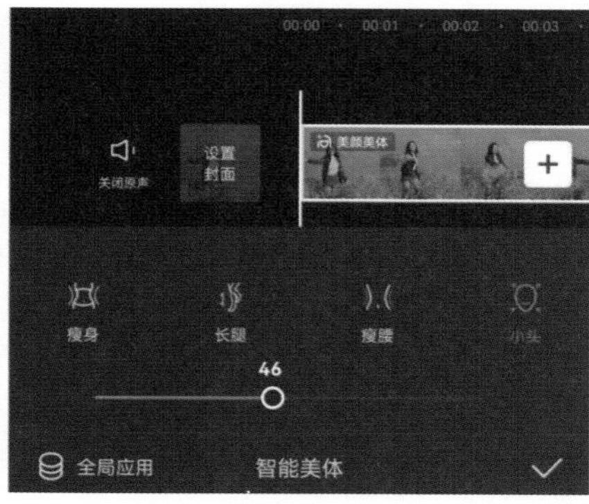

图6-29

图6-30

图6-31

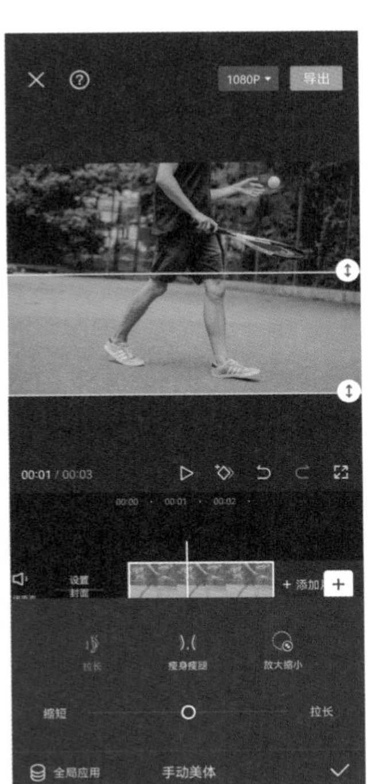

图6-32

6.3 手动美体

添加素材后，滑动"工具"栏点击"剪辑"→"美颜美体"→"手动美体"按钮，可手动调整美体参数，比智能美体更加精致、精准。在该选项栏中可以选择"拉长""瘦身瘦腿"以及"放大缩小"。

（1）拉长

点击"拉长"，拉长位置即两条黄线之间，如图6-31所示。若是拉长，可将上方黄线移动至大腿位置，下方黄线移至最低，如图6-32所示。拖动下方拉长滑块，向右拖动可拉长腿部达到增高效果，如图6-33所示；反之变短，如图6-34所示。

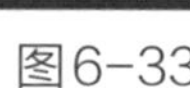
图6-33

图6-34

（2）瘦身瘦腿

点击“).(瘦身瘦腿”按钮，画面显示三条黄色线条，如图6-35所示，根据人物身型调节选区，将“⊕”定位在人物腰部位置，如图6-36所示。向右拖动滑块可将选区范围变窄，达到瘦身效果，如图6-37所示；反之变宽，达到增肥效果。按住“↔”按钮左右调整选区范围即可调整瘦身范围，如图6-38所示。

注意事项：

按住"[移动图标]"按钮可移动位置，按住"[上下图标]"按钮可上下调整，按住"[左右图标]"按钮可左右调整，按住"[旋转图标]"按钮可调整角度。

图6-35

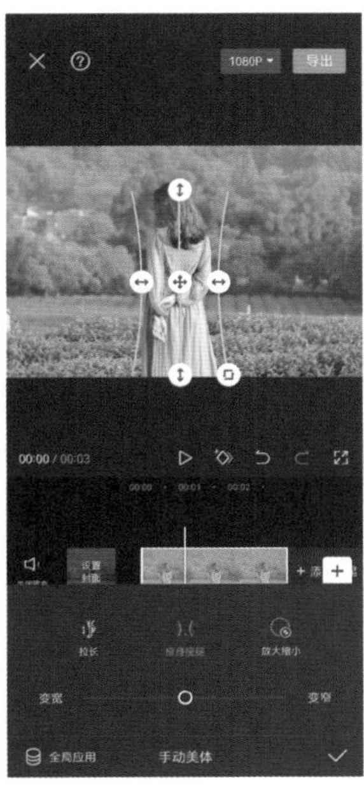

图6-36

图6-37

图6-38

（3）放大缩小

点击“放大缩小”，画面显示一个圆形框，如图6-39所示，单指拖动调整位置，双指拖动调整选区范围，如图6-40所示。向右拖动滑块可将选区范围放大，如图6-41所示，反之缩小。单指拖动调整选区位置，所到之处都应用此效果，如图6-42所示。

图6-39

图6-40　　图6-41　　图6-42

小试牛刀：多人美体

本案例主要是对同视频中的多人进行美体调整。下面将对具体的操作步骤进行介绍。

Step01 导入素材至轨道中，如图6-43所示。

Step02 滑动“工具”栏点击“剪辑”→“美颜美体”按钮，出现如图6-44所示画面。

Step03 点击“智能美体”，在该选项中点击“长腿”，拖动滑块调整数值为58，如图6-45所示，效果如图6-46所示。

图6-43

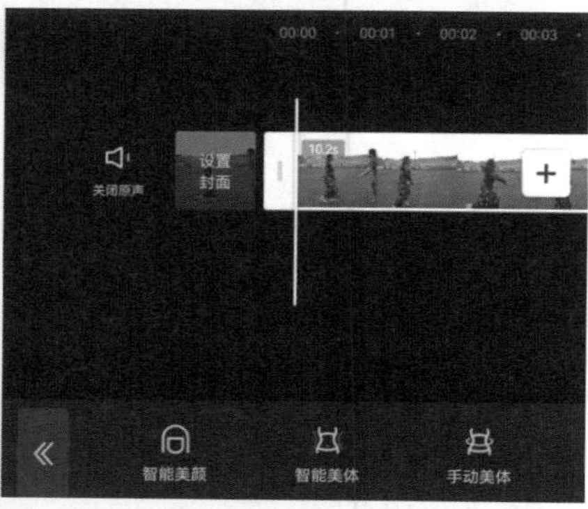

图6-44

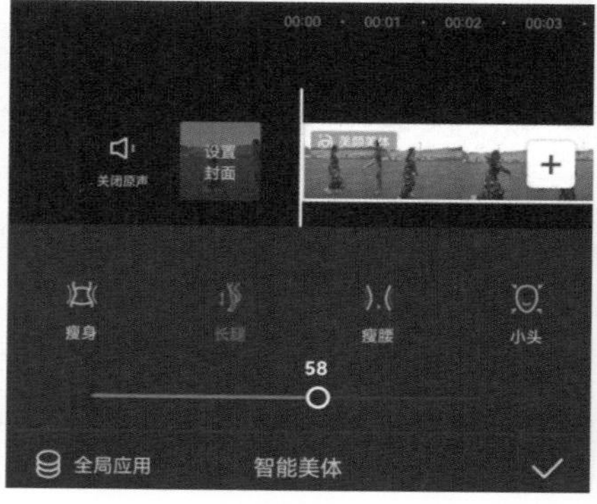

图6-45

图6-46

Step04 点击“瘦身”，拖动滑块调整数值为100，如图6-47所示，设置效果如图6-48所示。

注意事项：

当视频中出现多人时，智能美体只会自动识别一位人物。

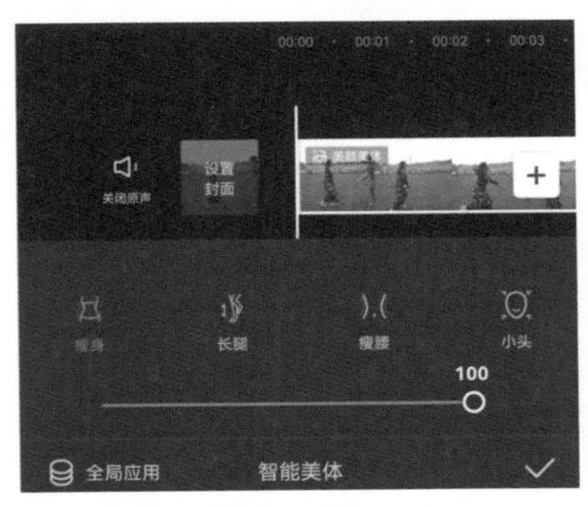

图6-47

图6-48

Step05 点击“”按钮完成智能美体调整。依次点击“手动美体”→“瘦身瘦腿”按钮，调整选区范围。向右拖动滑块调整数值为30，如图6-49所示，效果如图6-50所示。

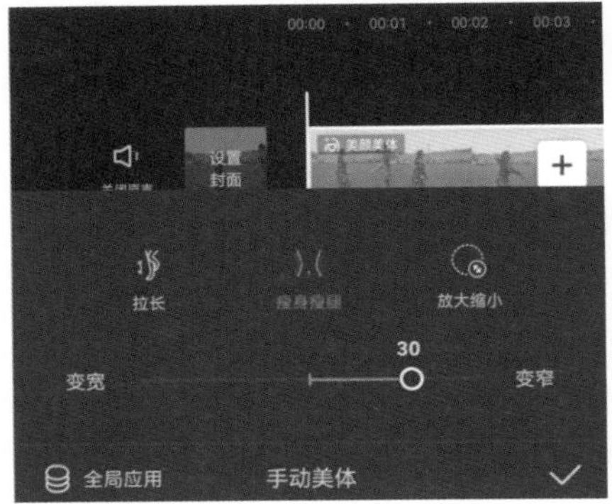

图6-49

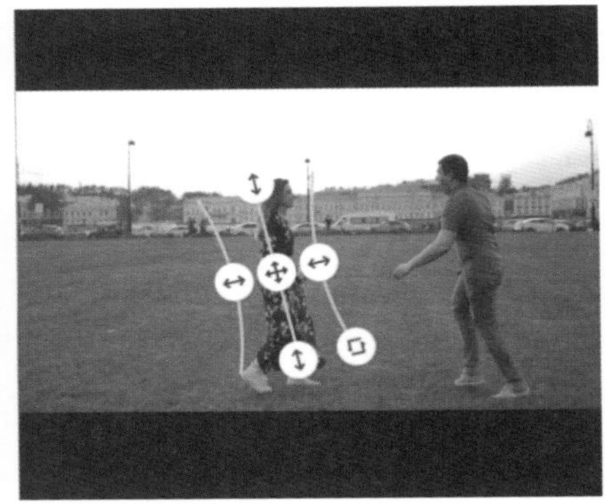
图6-50

▶ Step06 点击“放大缩小”按钮，调整选区范围，向左拖动滑块调整数值为－32，如图6-51所示。点击“✓”按钮完成调整，效果如图6-52所示。

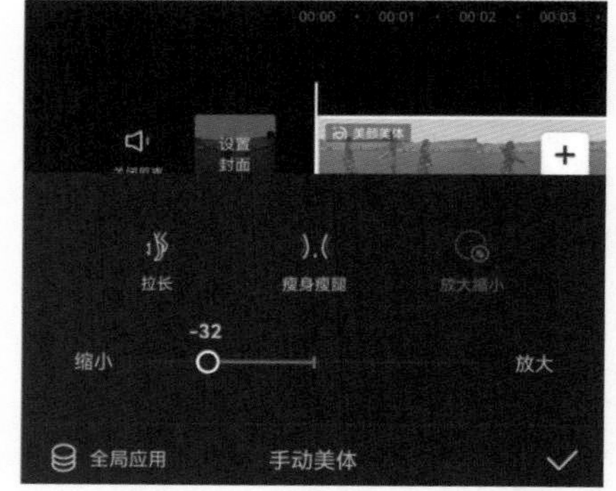

图6-51

图6-52

第7章 特效：炫酷爆款效果

内容导读

视频中的特效往往是最吸引人的部分，通过特效可以展现出作者想要表达的意图。剪映为广大视频爱好者提供了丰富的特效，例如画面特效、人物特效、各类特效素材包等。本章将对一些常用的特效功能进行介绍，掌握这些特效的使用方法，并灵活应用，相信每一个人都可以成为剪辑大师。

学习目标

- 掌握画面特效的适用场景
- 掌握人物特效的适用场景
- 掌握素材包的用法

7.1 画面特效

画面特效，顾名思义，就是对视频画面所做的特效。例如放大画面某局部、渲染画面氛围、为画面添加纹理等。本节将对该类型的特效应用进行简单介绍。其中包含基础特效、氛围特效、动感特效、DV特效、综艺特效、自然特效、边框特效、金粉特效、光特效、投影特效、分屏特效、纹理特效、漫画特效。

7.1.1 基础特效

基础特效包含“放大镜”特效、“模糊”特效、“镜头变焦”特效、“马赛克”特效等。将素材加载至轨道中，并将时间线指针移至要添加的位置。在“工具”栏中点击“特效”→“画面特效”按钮，如图7-1所示。在“特效”选项栏中滑动选择“基础”特效类别，并在其列表中点击所需效果即可应用，如图7-2所示为应用“放大镜”特效。

点击“”按钮，可调节特效参数，例如“模糊”“强度”“垂直位移”和“水平位移”，点击“”按钮，完成操作，如图7-3所示。

注意事项:

调节特效参数时，只能通过“调整参数”栏中滑块进行调整，无法手动调整。

1080P
导出
00:01 / 00:14
设置封面
画面特效
人物特效
图7-1

1080P
导出
00:03 / 00:14
收藏
热门
基础
氛围
动感
调整参数
鱼眼 IV
广角
爱心边框
ins风放大镜
箭头放大镜
放大镜
图7-2

1080P
导出
00:02 / 00:14
收藏
热门
基础
氛围
动感
重置
调整参数
强度
垂直位移
水平位移
57
模糊
图7-3

7.1.2 氛围特效

氛围特效就是指在画面中利用星星、爱心、花朵、光斑、文字、水墨等元素营造出特殊的氛围效果。在“氛围”类别中点击所需效果即可应用，如图7-4所示为应用“光斑飘落”氛围特效。点击“调整参数”按钮可设置其效果参数。

7.1.3 动感特效

动感特效大致分为3种，分别是模糊水波幻影、营造故障色差和舞台、霓虹灯光效果。在“动感”类别中点击所需效果即可应用，如图7-5所示为应用“色差放大”动感效果。

7.1.4 DV特效

DV特效主要是指在画面中添加DV边框，并通过添加朦胧的噪点、色差故障更改其色调，营造复古录像效果。

在“DV”类别中点击所需效果即可应用，如图7-6所示为应用“录像带Ⅲ”的效果。

注意事项：

该特效和复古、电影特效类似，不再赘述。

1080P
导出
00:09 / 00:14
基础
氛围
动感
DV
潮酷
调整参数
发光
光斑飘落
星火炸开
星火
星火 II
星月童话
月亮闪闪
繁星点点

图7-4

1080P
导出
00:08 / 00:14
氛围
动感
DV
潮酷
复古
调整参数
彩虹幻影
瞬间模糊
抖动
色差放大
心跳
波纹色差
故障读条
边缘glitch

图7-5

1080P
导出
CAM
SP
-00:06:22
FEB.02:1987
PM 08:26
00:12 / 00:14
动感
DV
潮酷
复古
Bling
DV录制框
日式DV
VCR
录像带
录像带 III
录像带 II
录制框
复古DV
复古DV II
复古DV III
复古DV IV
DV界面

图7-6

7.1.5 综艺特效

综艺特效是指在画面中添加文字弹幕、光效振动放大等效果。在“综艺”类别中点击所需效果即可应用，如图7-7所示为应用“预警”综艺效果。

图7-7

7.1.6 自然特效

自然特效是指在画面中添加一些大自然元素，例如花瓣飘落、自然天气、光线以及星空迷雾等，以烘托画面氛围。在“自然”类别中点击所需效果即可应用，如图7-8所示为应用“雾气光线”自然效果。

7.1.7 边框特效

边框特效是指在画面中添加各种模拟相机拍摄、PS计算机弹窗、复古报纸边框界面效果。在“边框”类别中点击所需效果即可应用，如图7-9、图7-10所示分别为应用“播放界面”边框效果和“美漫”边框效果。

1080P
导出
00:09 / 00:14
爱心
自然
边框
电影
金粉
破冰
冰霜 II
冰霜
晴天光线
水滴模糊
落叶
调整参数
雾气光线
蒸汽腾腾
下雨
雨滴晕开
孔明灯 II
孔明灯

图7-8

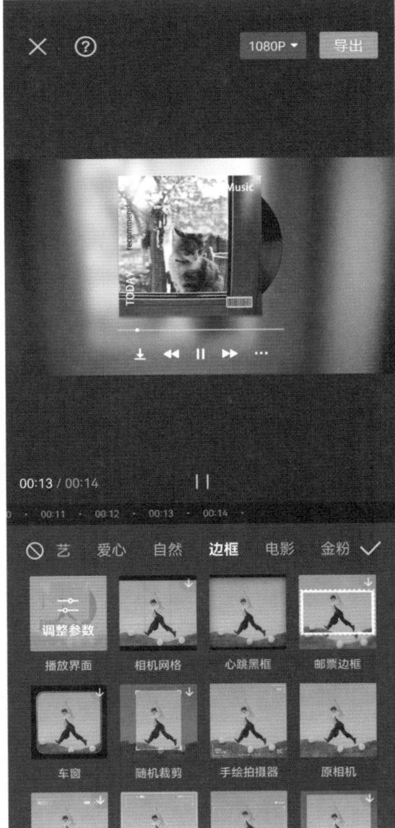
1080P
导出
Music
TODAY
00:13 / 00:14
艺
爱心
自然
边框
电影
金粉
调整参数
播放界面
相机网格
心跳黑框
邮票边框
车窗
随机裁剪
手绘拍摄器
原相机

图7-9

1080P
导出
00:11 / 00:14
艺
爱心
自然
边框
电影
金粉
纸膜边框 II
纸膜边框 I
取景框 II
夜视框
调整参数
美漫
淡彩边框
动感蓝带
X开幕

图7-10

小试牛刀：制作音乐播放器效果

本案例主要是使用音乐、边框特效、歌词识别以及文字设置制作音乐播放器效果。下面将对具体的操作步骤进行介绍。

Step01 添加素材至轨道中，如图7-11所示。

Step02 点击“音频”→“音乐”→“旅行”按钮，选择所需音乐，点击“使用”按钮应用，如图7-12所示。

Step03 选择视频轨道，调整视频素材时长与音频时长一致，如图7-13所示。

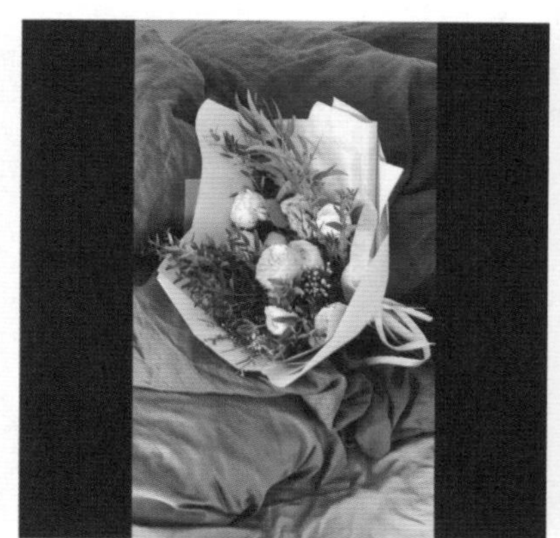

图7-11

图7-12

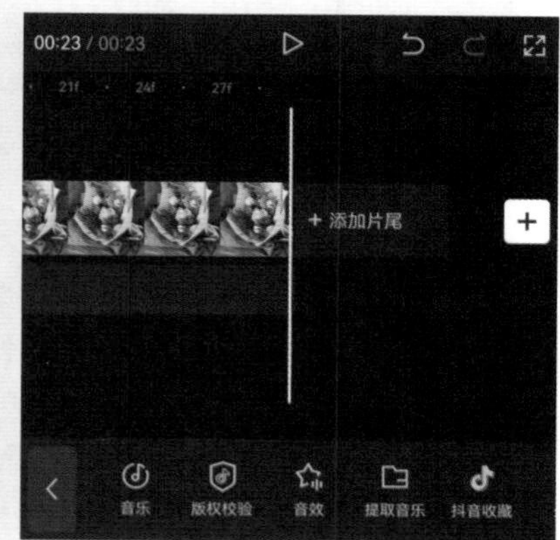

图7-13

Step04 点击“特效”→“画面特效”→“边框”→“播放器Ⅱ”按钮，添加播放器特效，如图7-14、图7-15所示。

Step05 选择特效轨道，调整特效时长与其他视频时长一致，如图7-16所示。

图7-14

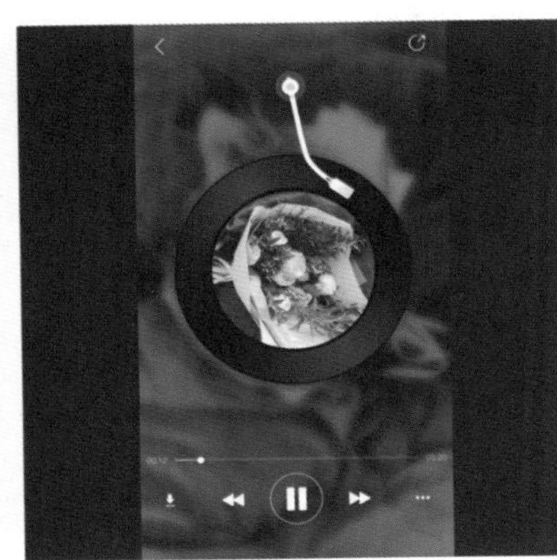

图7-15

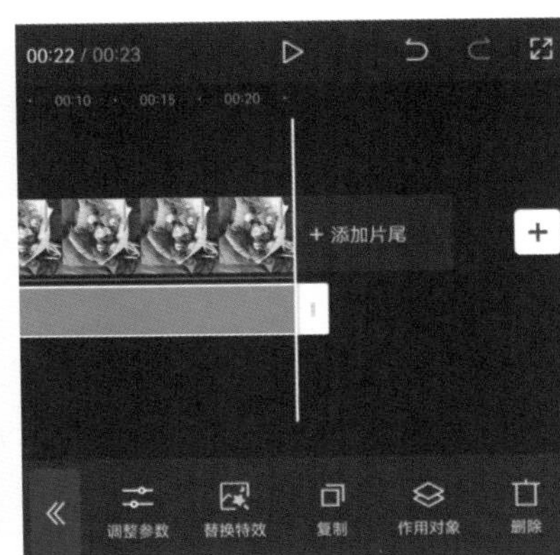

图7-16

Step06 点击“T文字”→“识别歌词”按钮，识别并显示歌词内容，如图7–17、图7–18所示。

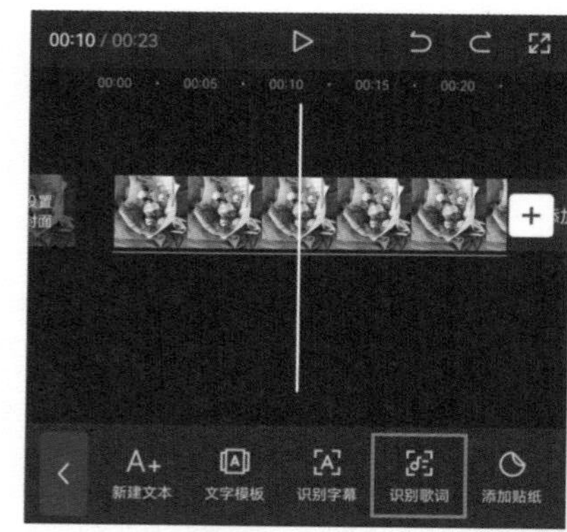

图7–17

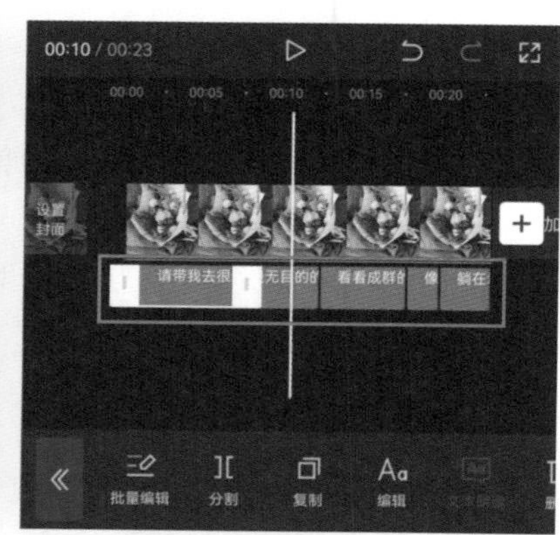

图7–18

Step07 点击“批量编辑”按钮，选择第一段歌词并设置其字体、大小和位置，如图7–19、图7–20所示。

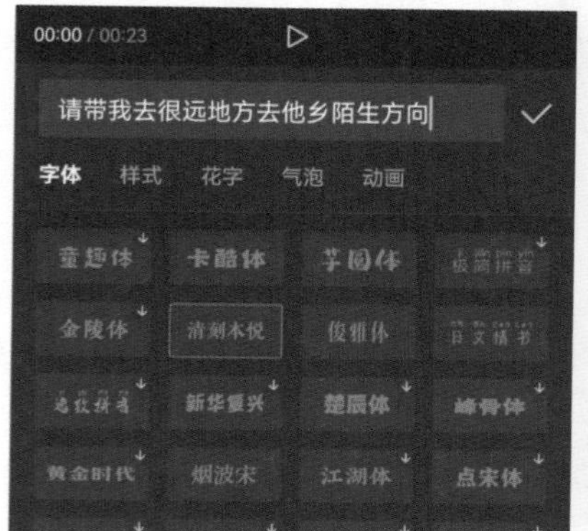

图7–19

图7–20

Step08 调整完成后拖动时间线指针查看歌词与音频的适配度，如图7-21所示。点击“播放”按钮，查看设置结果。

图7-21

图7-22

7.1.8 金粉特效

金粉特效是指在画面中添加各种金粉效果，如“金粉旋转”“金粉闪闪”“粉色闪粉”“冲屏闪粉”“亮片”等，从而渲染画面气氛。在“金粉”类别中点击所需效果即可应用，如图7-22所示为应用“金粉散落”效果。

7.1.9　光特效

光特效是指在画面中添加各种发光以及光晕效果，如“柔光”“逆光对焦”“丁达尔光线”“胶片显影”“暗夜彩虹”等。在“光”类别中点击所需效果即可应用，如图7-23所示为应用“光晕Ⅱ”效果。

7.1.10　投影特效

投影特效是指在画面中添加各种投影效果，如“霓虹投影”“蝴蝶光斑”“树影”“字幕投影”“蒸汽波路灯”等。在“投影”类别中点击所需效果即可应用，如图7-24所示为应用“百叶窗”效果。

图7-23

图7-24

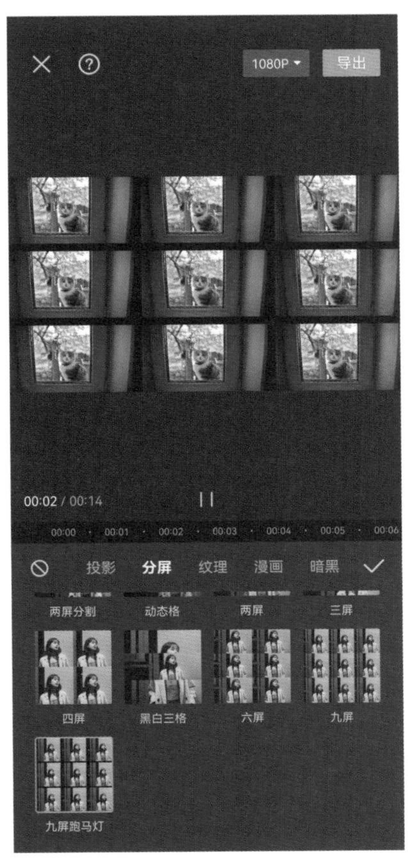

图7-25

7.1.11 分屏特效

分屏特效是指将画面分割成多个屏幕效果，如“两屏分割”“三屏”“黑白三格”等。在“分屏”类别中点击所需效果即可应用，如图7-25所示为应用“九屏跑马灯”效果。

7.1.12 纹理特效

纹理特效是指在画面中添加各种纹理效果，如玻璃、折痕、磨砂、塑料等。在“纹理”类别中点击所需效果即可应用，如图7-26所示为应用“折痕Ⅱ”效果。

7.1.13 漫画特效

漫画特效主要是指将常规画面转换成漫画风效果，如像素画、素描、漫画光效等。在“漫画”类别中点击所需效果即可应用，如图7-27所示为应用“三格漫画”特效。

1080P
导出
00:00 / 00:14
投影
分屏
纹理
漫画
暗黑
调整参数
折痕 III
折痕 II
磨砂纹理
油画纹理
折痕
漏光噪点
杂志
老照片

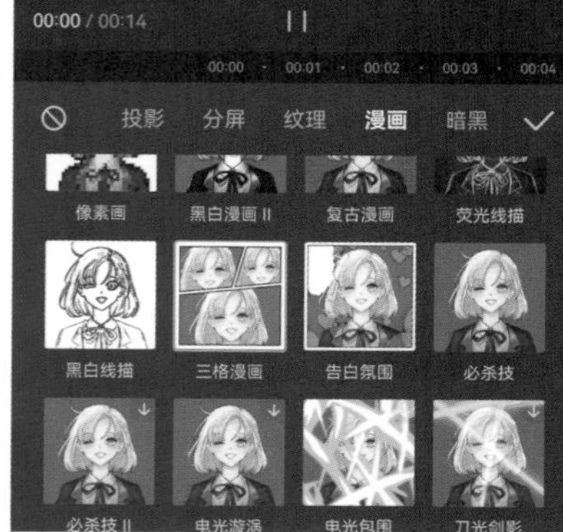
1080P
导出
00:00 / 00:14
投影
分屏
纹理
漫画
暗黑
像素画
黑白漫画 II
复古漫画
荧光线描
黑白线描
三格漫画
告白氛围
必杀技

图7-26

图7-27

小试牛刀：制作漫画变身效果

本案例主要是利用音乐踩点、抖音玩法以及画面特效制作漫画变身效果，下面将对具体的操作步骤进行介绍。

Step01 添加素材至轨道中，如图7-28所示。

Step02 添加合适的背景音乐，如图7-29所示。

Step03 选择“音频”，点击“踩点”→“自动踩点”→“踩节拍Ⅱ”按钮，自动添加踩点，如图7-30、图7-31所示。

图7-28

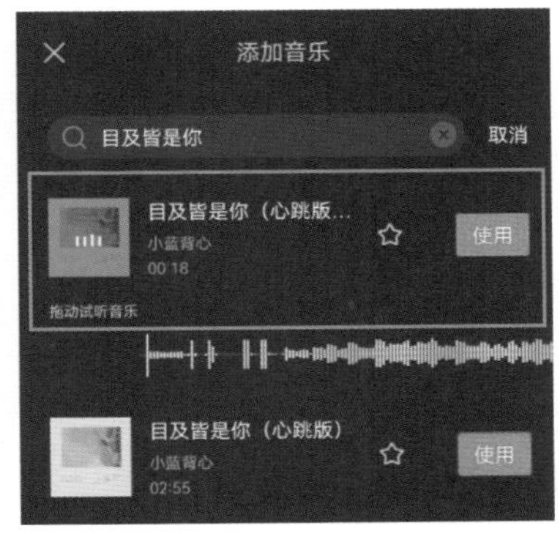

图7-29

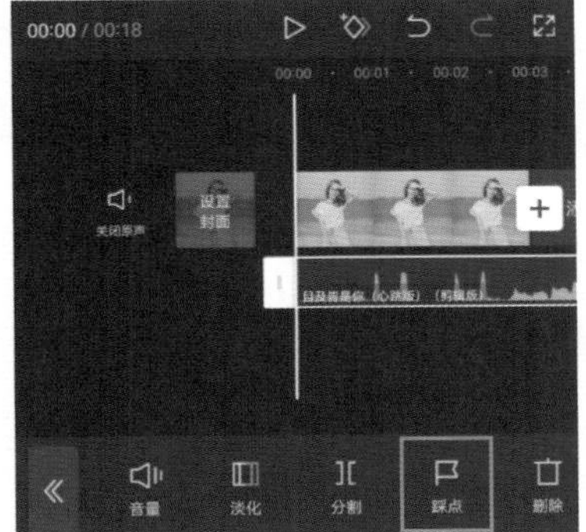

图7-30

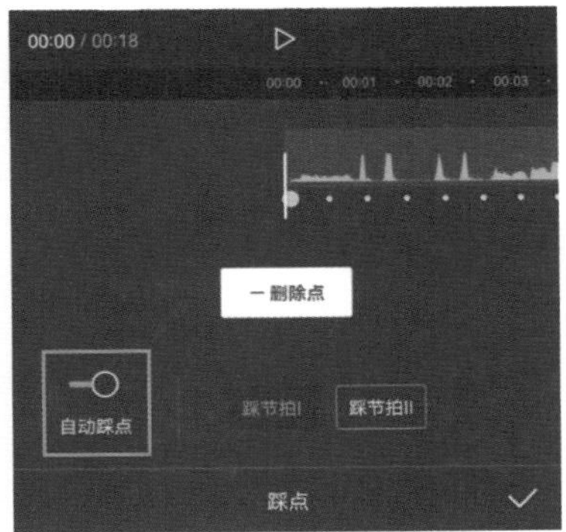

图7-31

Step04 将时间线指针移至10s处分割音频，如图7-32所示。

Step05 选择视频轨道，调整其时长与音频时长一致，如图7-33所示。

Step06 将时间线指针移至2s处分割视频（根据音频对齐第6个踩点），如图7-34所示。

Step07 选择第一段视频，在“工具”栏中点击“剪辑”→“抖音玩法”按钮，如图7-35所示。

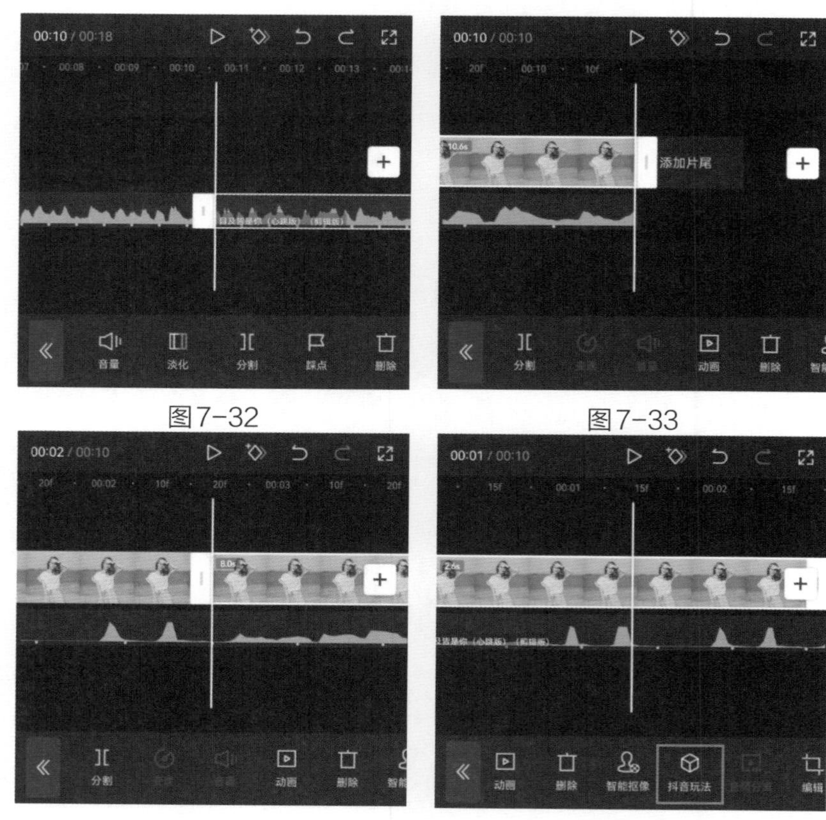

图7-32

图7-33

图7-34

图7-35

Step08 在“抖音玩法”选项栏中点击“港漫”效果，如图7-36、图7-37所示。

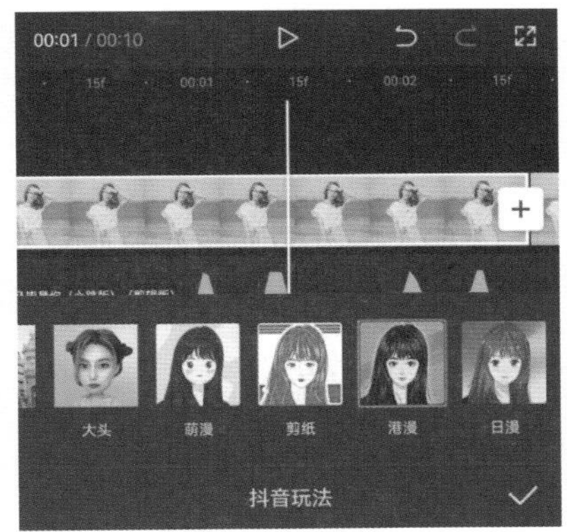

图7-36

图7-37

Step09 将时间线指针移动到第一段视频倒数第一个和第二个踩点，并分别进行分割，如图7-38所示。

Step10 将时间线指针移动至视频开始，点击“特效”→“画面特效”按钮，如图7-39所示。

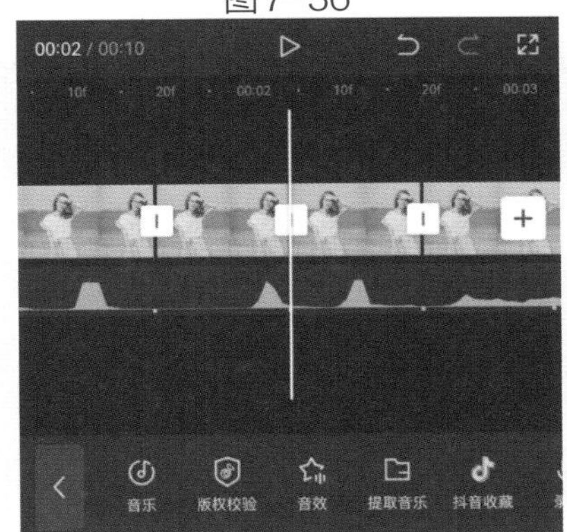

图7-38

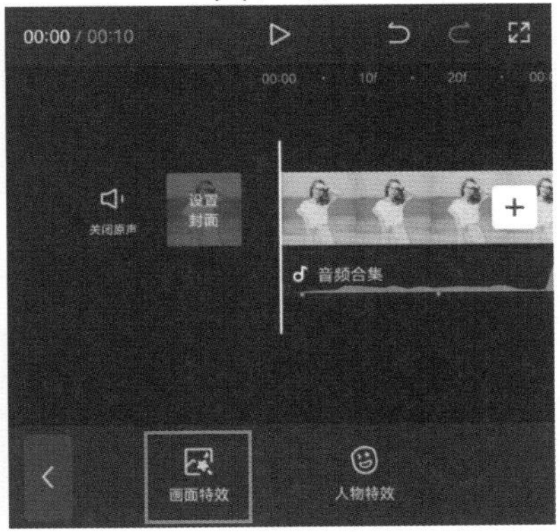

图7-39

Step11 在“基础”类别中点击“变清晰”效果，为其添加特效，如图7-40、图7-41所示。

Step12 调整该特效时长与第一段视频时长一致，如图7-42所示。

Step13 将时间线指针移动到第二段视频，点击“特效”→“画面特效”→“动感”→“心跳”按钮，添加动感特效，如图7-43、图7-44所示。

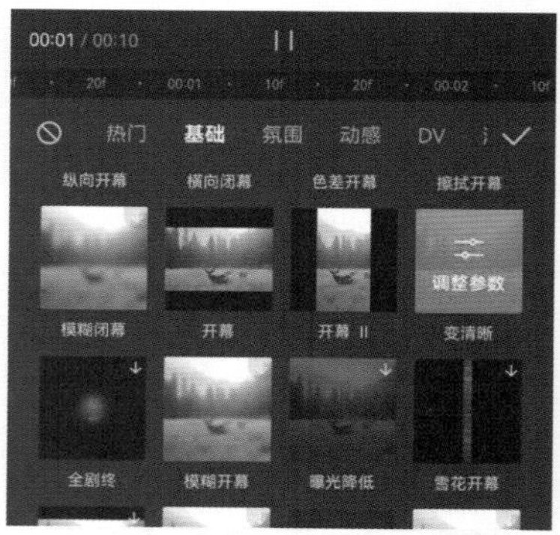

图7-40

图7-41

图7-42

图7-43

图7-44

Step14 调整该特效时长与第二段视频时长一致，如图7-45所示。

Step15 点击“复制”按钮，按住该特效使其与第三段视频时长一致，如图7-46所示。

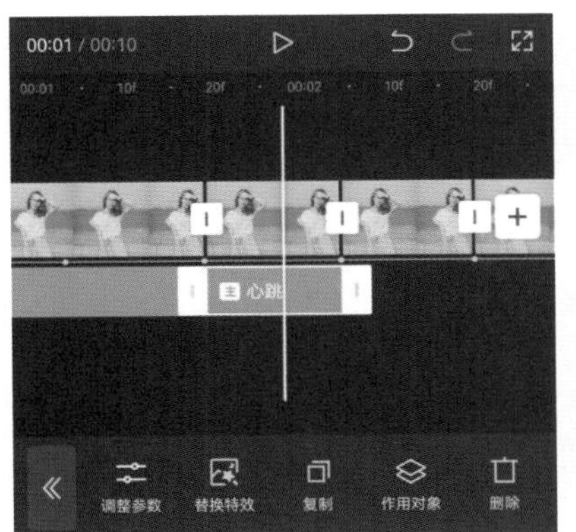

图7-45

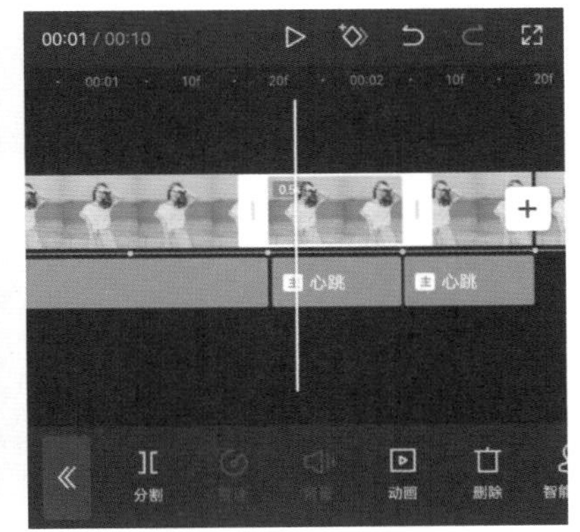

图7-46

Step16 选择第四段视频，点击“动画”→“入场动画”→“轻微放大”按钮，添加动画，并设置时长为4.8s，如图7-47、图7-48所示。

图7-47

图7-48

Step17 点击“特效”→“画面特效”→“Bling”→“星光闪耀”按钮，为其添加氛围特效，如图7-49、图7-50所示。

图7-49

图7-50

Step18 点击“氛围”→“星火炸开”按钮，继续添加氛围特效，如图7-51、图7-52所示。

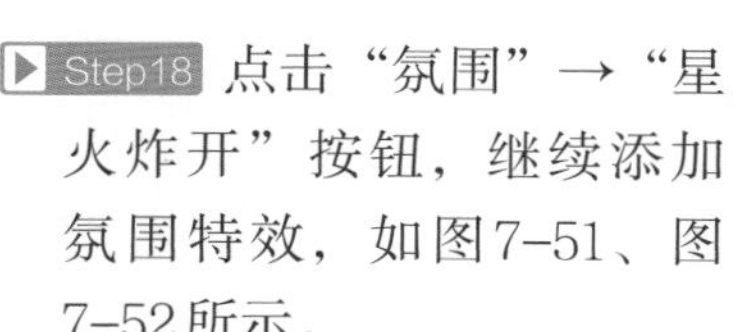

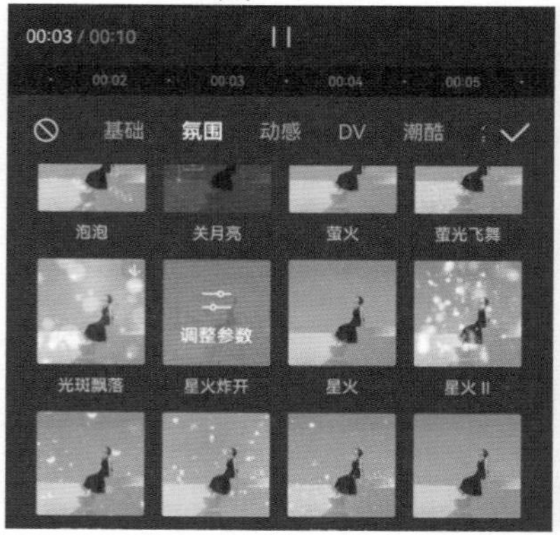

图7-51

图7-52

Step19 缩小轨道显示，分别将“星火炸开”和“星光闪耀”特效时长与视频时长保持一致，如图7-53、图7-54所示。点击“播放”按钮，查看最终设置效果，如图7-55所示。

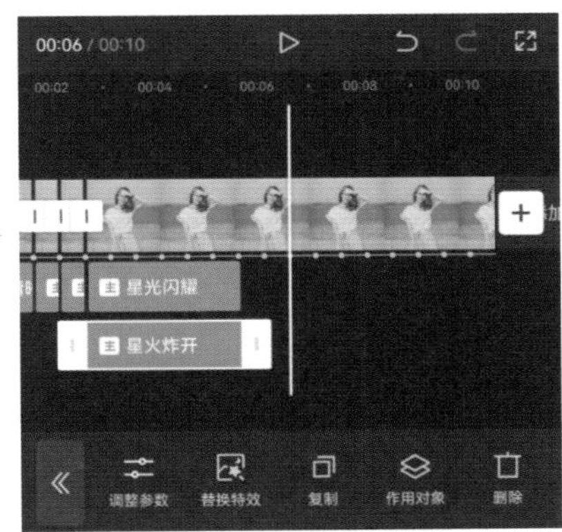

图7-53

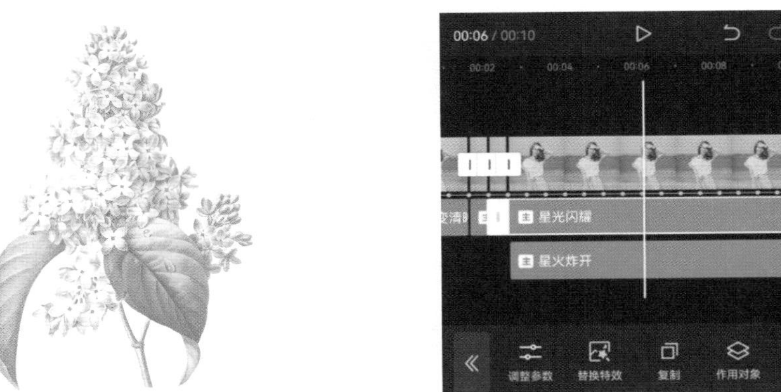

图7-54

图7-55

7.2 人物特效

人物特效在剪辑过程中也是经常使用到的，例如挡脸特效、形象特效、各种装饰特效等。在“特效”选项栏中点击“人物特效”按钮进入“效果”选项栏，在此可选择各类特效并应用。

7.2.1 情绪特效

情绪特效主要为人物添加各种情绪化效果，如“难吃”“好吃”“美味召唤”“流口水”“气炸了”等，如图7-56所示为应用“美味召唤”特效。

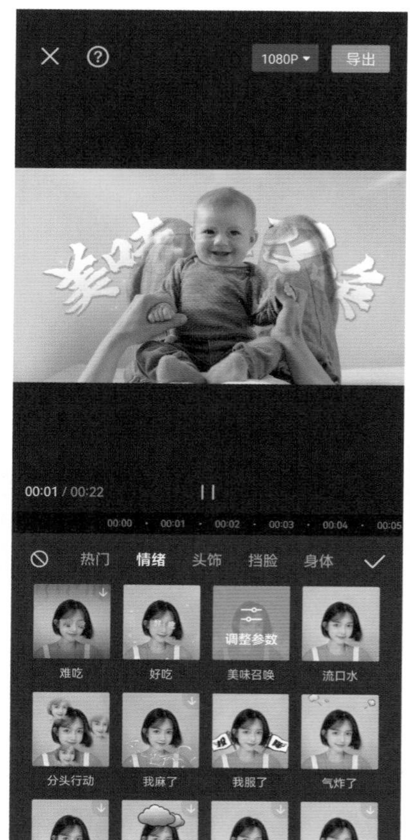

图7-56

7.2.2 头饰特效

头饰特效主要为人物添加头部装饰效果，如“赛博眼镜”“天使环”“恶魔印记”“嘻哈眼镜”等。

在同一素材中可同时叠加多个特效，如图7-57所示为叠加应用“恶魔印记”头饰特效。

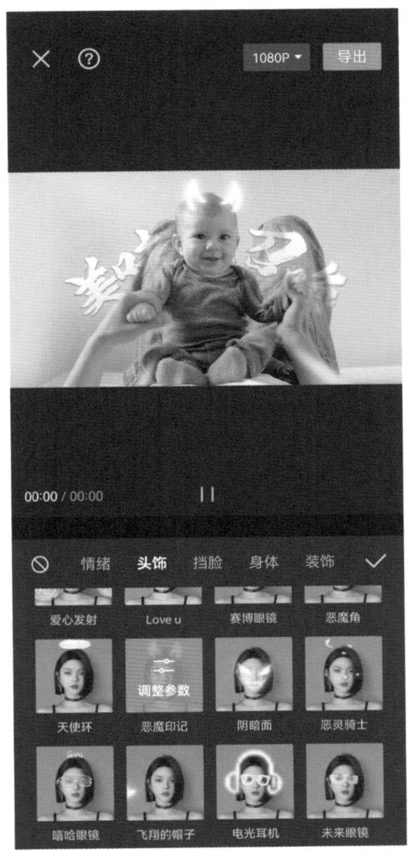

图7-57

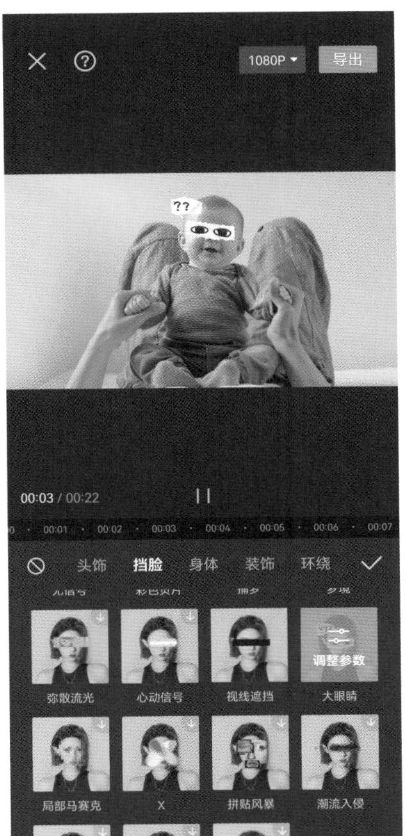

图7-58

7.2.3 挡脸特效

挡脸特效用于遮挡人物的脸部或眼睛部位，例如“彩色负片”“拼贴风暴”“局部马赛克”等，如图7-58所示为应用“大眼睛”挡脸特效。

7.2.4 身体特效

身体特效是在人物边缘添加光效或拖影效果，例如“热力光谱”“故障描边”“背景拖影”等，如图7-59所示为应用“沉沦”身体特效。

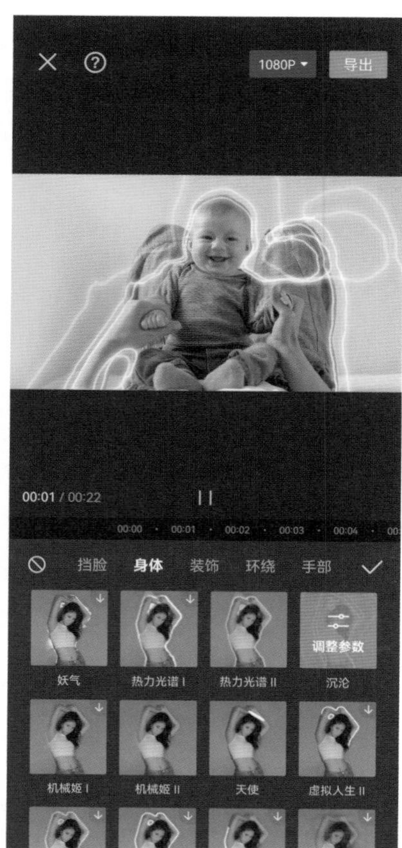

图7-59

7.2.5 装饰特效

装饰特效是为人物添加各种光效，例如“爱心泡泡”“火焰环绕”“赛博朋克”“电子屏故障”“闪电炸裂”等，如图7-60所示为应用“爱心光波”装饰特效。

7.2.6 环绕特效

环绕特效是为人物添加各种环绕的光效，例如“焰火”“光环”“闪电环绕”“气波”等，如图7-61所示为应用“箭头环绕”特效。

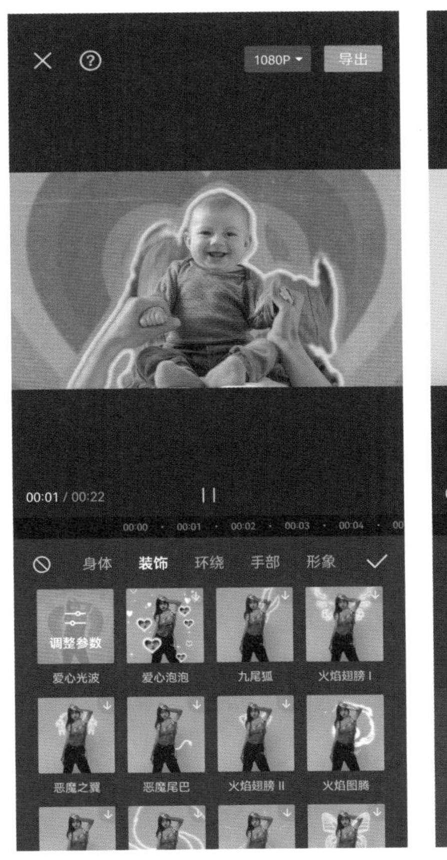
1080P
导出
00:01 / 00:22
身体
装饰
环绕
手部
形象
调整参数
爱心光波
爱心泡泡
九尾狐
火焰翅膀 I
恶魔之翼
恶魔尾巴
火焰翅膀 II
火焰图腾
图7-60

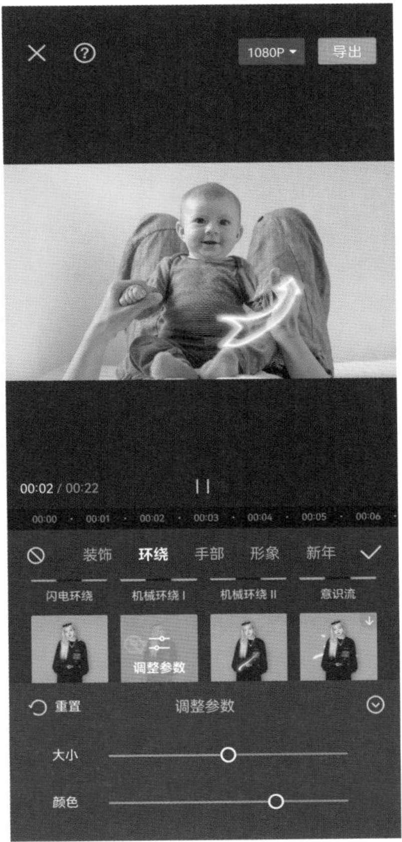
1080P
导出
00:02 / 00:22
装饰
环绕
手部
形象
新年
闪电环绕
机械环绕 I
机械环绕 II
意识流
调整参数
重置
调整参数
大小
颜色
图7-61

7.2.7 手部特效

手部特效是为手部添加各种拖尾光效，如图7-62所示为应用“音符拖尾”手部特效。需注意的是，该组特效中只有“星星拖尾”“火焰拖尾”可以调整参数。

7.2.8 形象特效

形象特效主要替换人物面部的形象效果，包括不同类型的男生、女生、宠物等，替换的形象可以跟随人物本身表情而变化，如图7-63所示为应用“帅气男生”形象特效。

注意事项：

“新年”特效中主要是喜庆的金币、发财等特效，具有时效性。

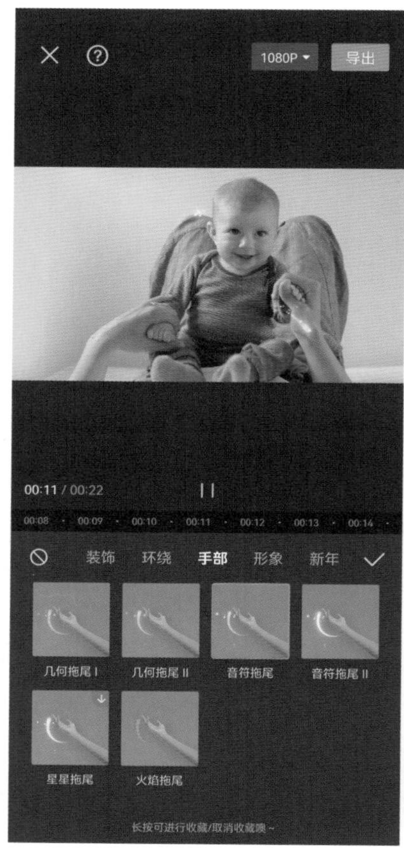

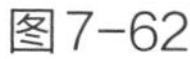
图7-62

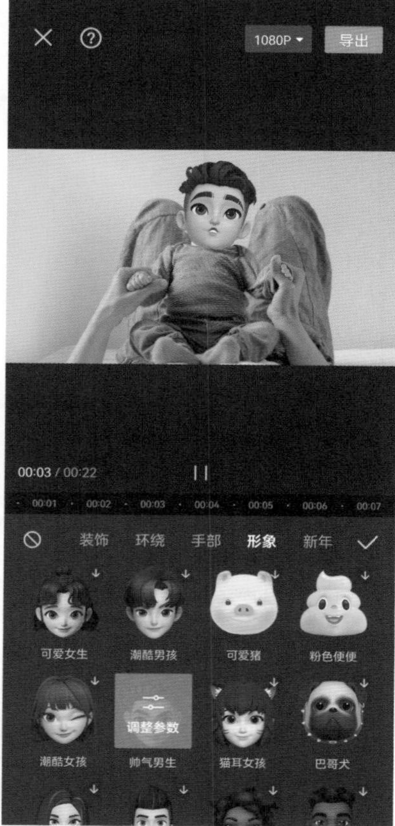

图7-63

小试牛刀：视频趣味装饰特效

本案例主要是使用人物特效为视频进行装饰，下面将对具体的操作步骤进行介绍。

Step01 添加素材至轨道中，如图7-64所示。

Step02 点击“特效”→“人物特效”按钮，添加人物特效，如图7-65所示。

Step03 在“装饰”类别中点击“爱心光波”效果，如图7-66所示。

图7-64

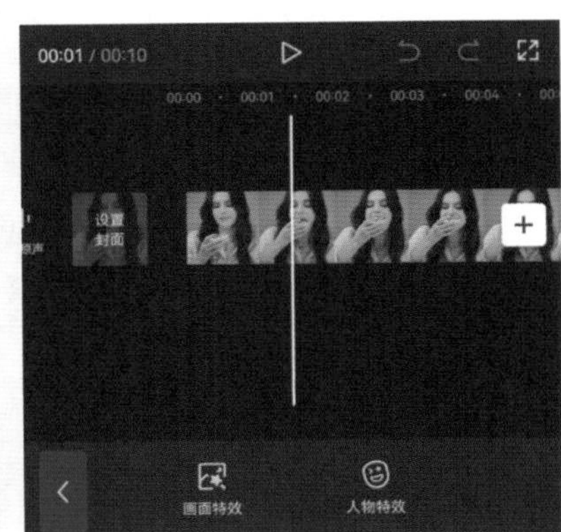

图7-65

图7-66

Step04 点击“ ”按钮，将“纸质纹理”设为22；将“大小”设为42；将“人体描边”设为66，如图7-67、图7-68所示。

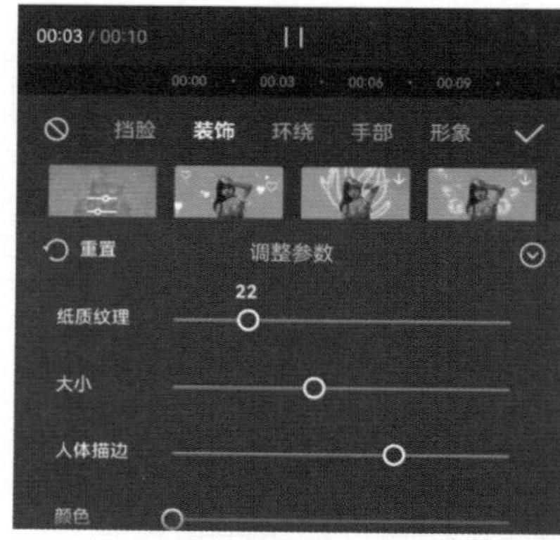

图7-67

图7-68

Step05 调整该特效时长与视频时长一致，如图7-69所示。

Step06 将时间线指针调整至00:05s处，如图7-70所示。

图7-69

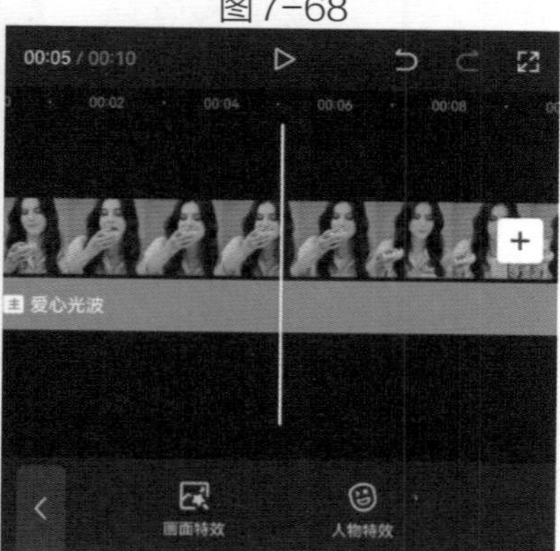

图7-70

Step07 点击“人物特效”→“情绪”→“好吃”按钮，添加人物特效，如图7-71、图7-72所示。

Step08 将该特效时长调整至结束，如图7-73所示。

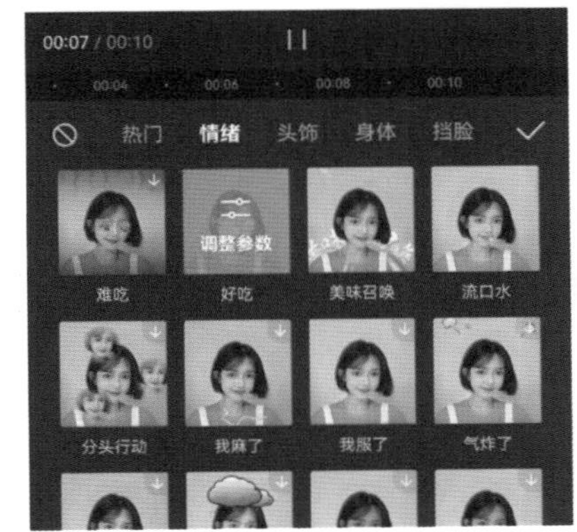

图7-71

图7-72

图7-73

7.3 素材包

利用素材包可为视频添加情绪、互动引导、片头、片尾等多种效果素材。在“工具”栏中点击“素材包”按钮即可进入素材选择界面，如图7-74所示。

7.3.1 情绪素材包

情绪素材包括感叹、无语、冷、害怕等，在“情绪”类别中选中所需效果应用即可，如图7-75所示为应用“害怕|综艺”情绪素材。点击“用法▶”按钮，可查看适用场景与适用技巧，点击“✓”按钮可预览效果，如图7-76所示。在底部的“工具”栏中可以进行“替换”“打散”以及“删除”等操作，如图7-77所示。

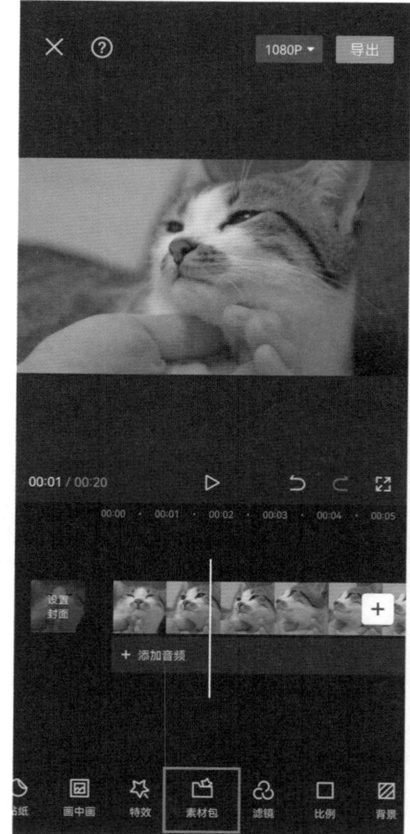

图7-74

图7-75

图7-76

图7-77

打散：将素材打散，分为文字与音频，需到各素材模板进行调整。

7.3.2 互动引导素材包

互动引导素材主要用于内容引导、互动说明等方面，其中包括求关注收藏点赞、电影感开头、地标定位、事项规则、思考对话框等，如图7-78所示为应用“事项规则|小贴士”互动引导素材，双击可更改文字内容，如图7-79所示。

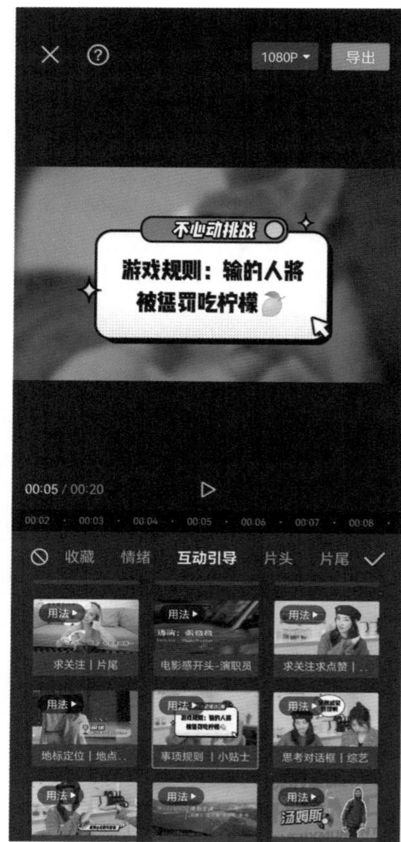

图7-78

7.3.3 片头、片尾素材包

片头、片尾素材用于套用不同风格的视频片头或片尾模板，例如好物开箱、妆容教程、探店大标题、感谢观看、日韩综片尾等，如图7-80、图7-81所示分别为应用“宅家一人食|片头”和“下期再见|片尾”素材，双击可更改文字内容。

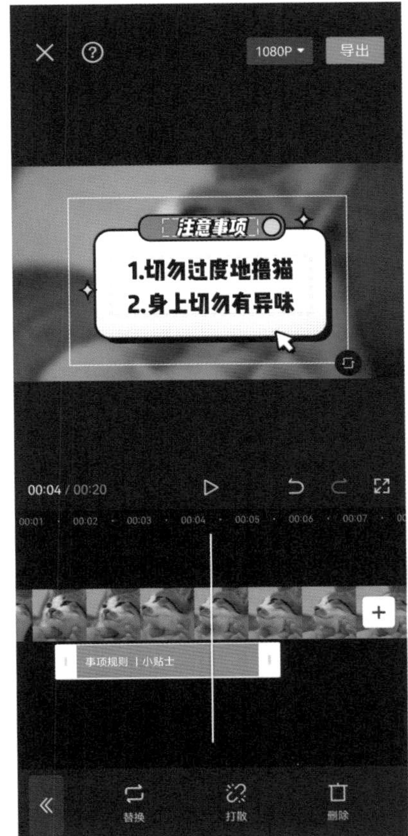

图7-79

图7-80

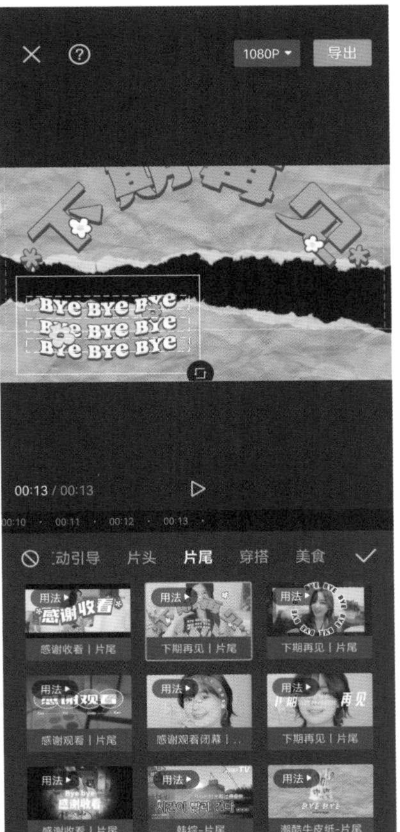

图7-81

7.3.4 教程分享类素材包

在“选项”栏中滑动选择“穿搭”“美食”“好物种草”“美妆”等教程分享类的素材包，可以选择不同风格的素材模板。

（1）穿搭

该素材包含了穿搭分享、好物分享等题材的片头；下期再见的片尾；产品特点、尺码参考的标签提示，如图7-82所示。

（2）美食

该素材包含了美食教程、探店等题材的片头；备菜步骤、店铺信息的标签介绍；食物局部特写、人脸特效以及边框效果，如图7-83所示。

图7-82

图7-83

（3）好物种草

该素材包含了好物开箱、红黑榜等题材的片头；品牌信息、细节特点的标签、提示；人物脸部特效、漫画风格效果，如图7-84所示。

（4）美妆

该素材包含了妆容教程片头；上妆手法、细节展示的标签指示；妆效展示、边框效果，如图7-85所示。

7.3.5 综合系列类素材包

素材包选项中“VLOG”“旅行”以及“运动”三组素材包，属于综合系列类素材包，都包含了片头、片尾、小提示等，部分带有边框、字幕。相比前面碎片化的素材，这三组使用起来会使风格更加统一化。

图7-84

图7-85

（1）VLOG

该素材包中主要有韩综、牛皮纸、好物分享、慢生活综艺系列的片头、片尾、边框、字幕等，如图7-86所示。

图7-86

（2）旅行

该素材包中主要有文艺旅行、美食、旅行路线、聚会、夏日短途、国风等系列的取景框、片头、片尾等，如图7-87所示。

（3）运动

该素材包中主要是各种健身题材的片头、注意事项、倒计时、片尾等，如图7-88所示。

图7-87

图7-88

小试牛刀：美食探店vlog

本案例主要是利用素材包、画面特效、转场以及音乐制作美食探店vlog。下面将对具体的操作步骤进行介绍。

Step01 添加素材至轨道中，如图7-89所示。

Step02 点击“素材包”→“美食”按钮，选择目标素材点击即可应用，如图7-90、图7-91所示。

Step03 点击“打散”按钮，如图7-92所示。

图7-89

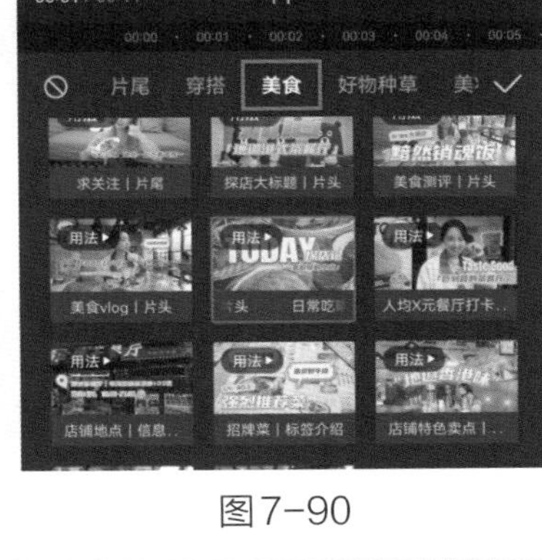

图7-90

图7-91

图7-92

▶ Step04 选择文字，点击文本更改内容，如图7-93所示。

▶ Step05 将时间线指针调整至00:03s处，分割并删除视频片段，如图7-94、图7-95所示。

图7-93

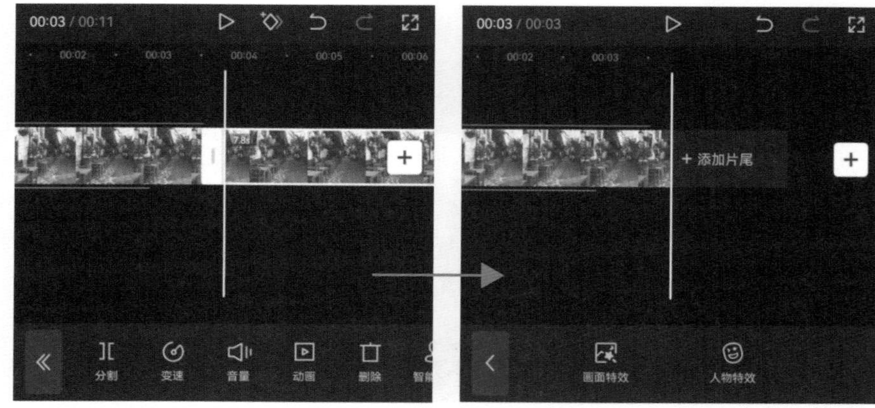

图7-94

图7-95

Step06 将时间线指针移动到最前端，点击“画面特效”→“基础”→“模糊”按钮，添加“模糊”特效，如图7–96、图7–97所示。

Step07 调整该特效的时长，如图7–98所示。

Step08 点击“+”按钮，添加视频素材，如图7–99、图7–100所示。

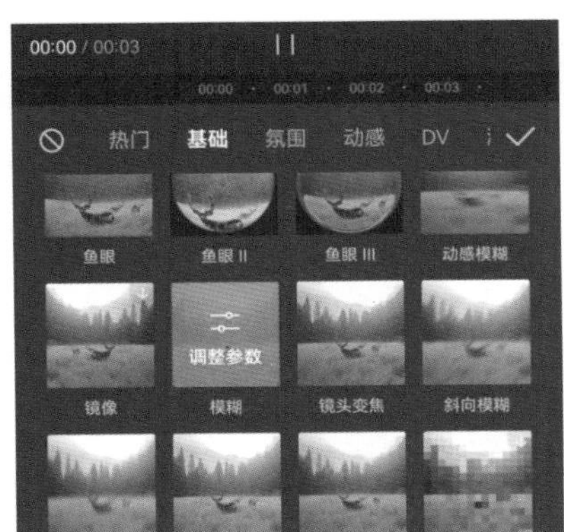

图7–96

图7–97

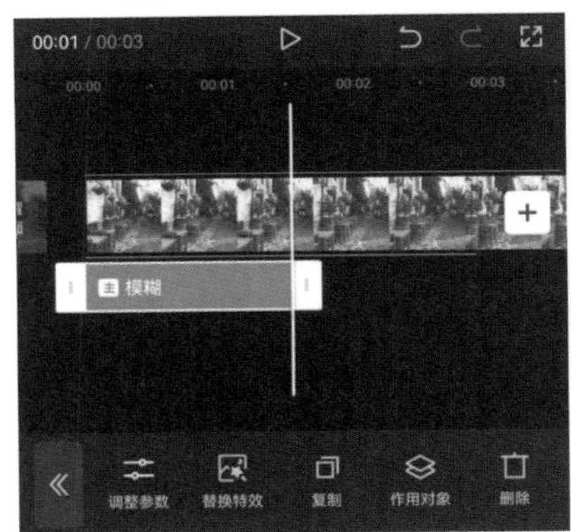

图7–98

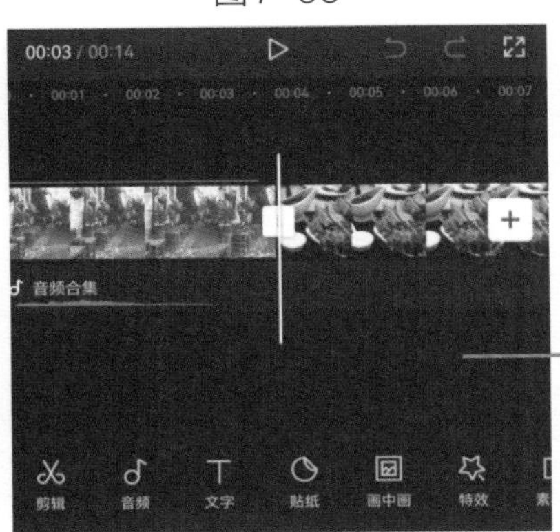

图7–99

图7–100

▶ Step09 点击"画面特效"→"热门"→"胶片滚动"按钮，为第二段视频添加特效，如图7-101、图7-102所示。

▶ Step10 分割第二段视频，将其时长与特效时长一致，如图7-103所示。

▶ Step11 选择第二段视频，设置"黑白"→"牛皮纸"滤镜效果，如图7-104、图7-105所示。

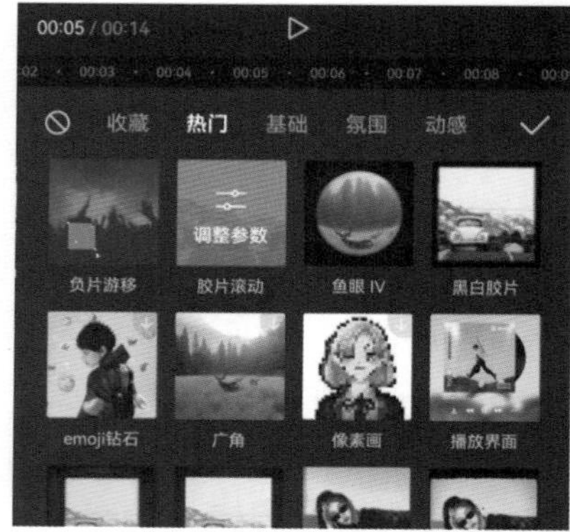

图7-101

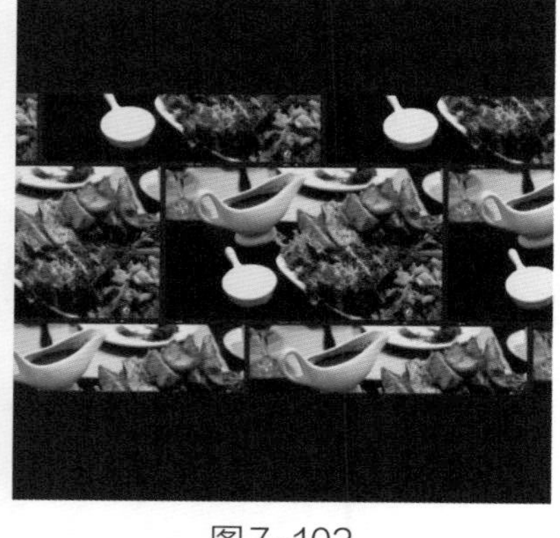
图7-102

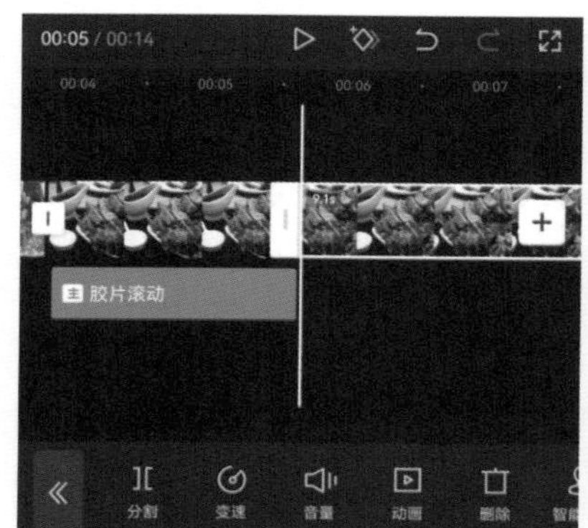

图7-103

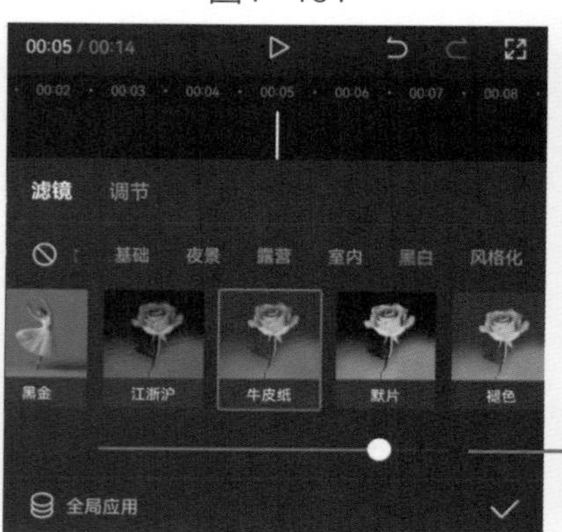

图7-104

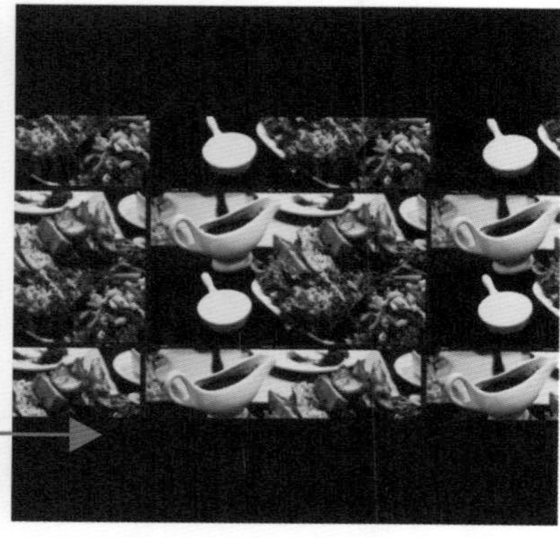
图7-105

▶ Step12 将时间线指针移动到00：09s的15f，点击“素材包”→“美食”按钮，选择所需素材点击应用，如图7-106、图7-107所示。

图7-106

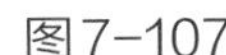
图7-107

▶ Step13 调整好该特效的时长，如图7-108所示。

▶ Step14 点击“打散”按钮，选择文字，点击文本更改内容，如图7-109所示。

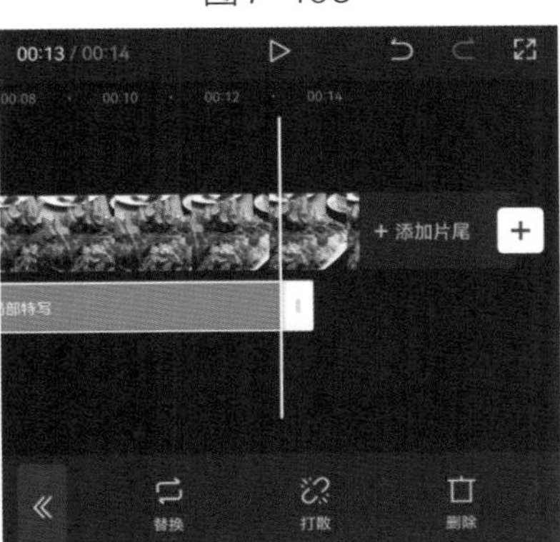

图7-108

图7-109

Step15 选择视频轨道，点击“变速”按钮，设置变速为1.7×，如图7-110所示。

Step16 分别调整好文字、特效放大镜的时长显示，如图7-111、图7-112所示。

Step17 将时间线指针调整至00:10s处，分割并删除视频片段，如图7-113所示。

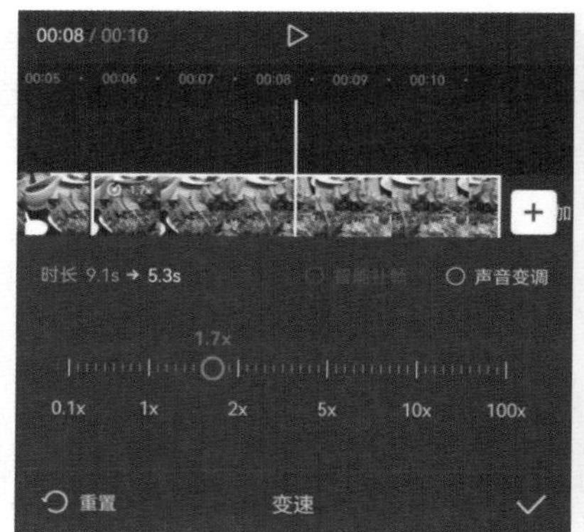

图7-110

图7-111

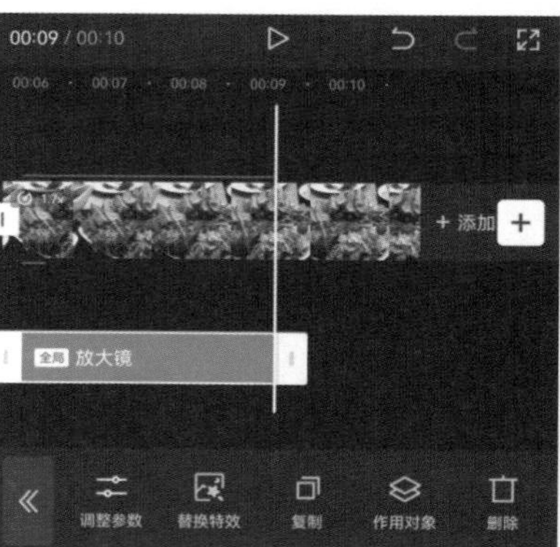

图7-112

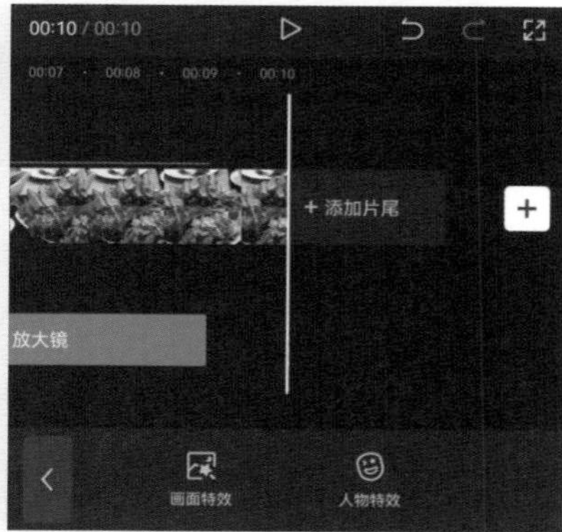

图7-113

Step18 点击“+”按钮，添加第三段视频素材，如图7-114所示。

Step19 点击“ ”→“运镜转场”→“推近”按钮，添加转场效果，设置时长为2.2s，如图7-115所示。

Step20 将时间线指针调整至00:11s处，如图7-116所示。

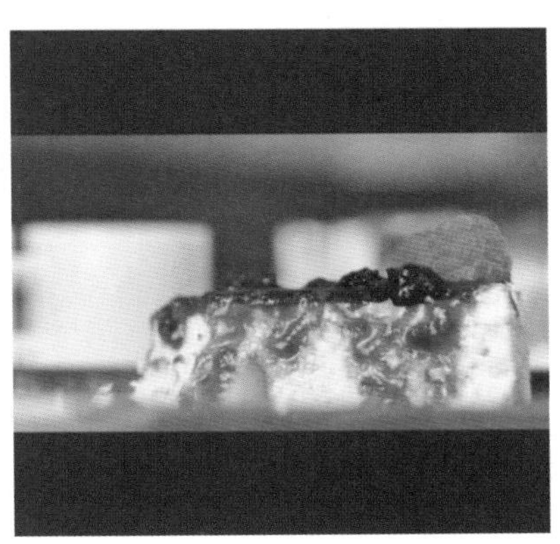

图7-114

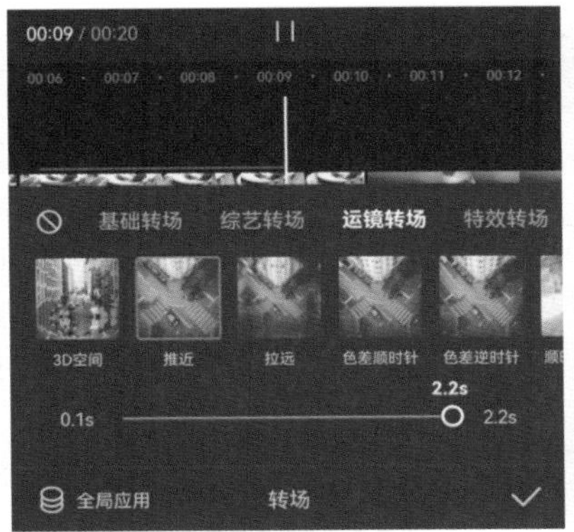

图7-115

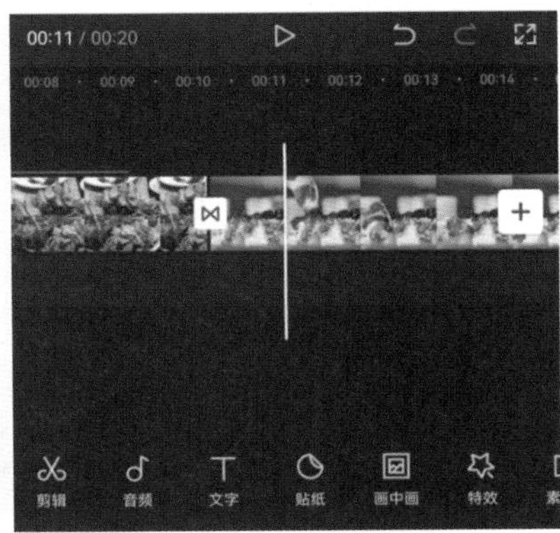

图7-116

Step21 点击“素材包”→“美食”按钮，选择所需素材点击应用，如图7-117所示。

图7-117

Step22 点击“打散”按钮，分别更改文字内容，如图7-118所示。

Step23 点击“特效”按钮，将时间线指针移动到00:14s处，选择视频轨道进行分割，如图7-119所示。

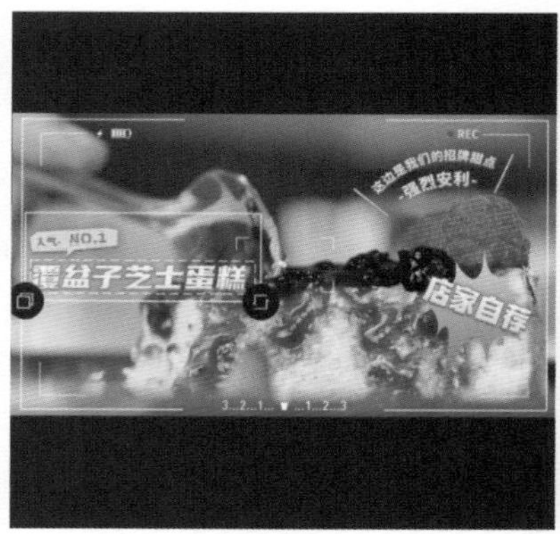

图7-118

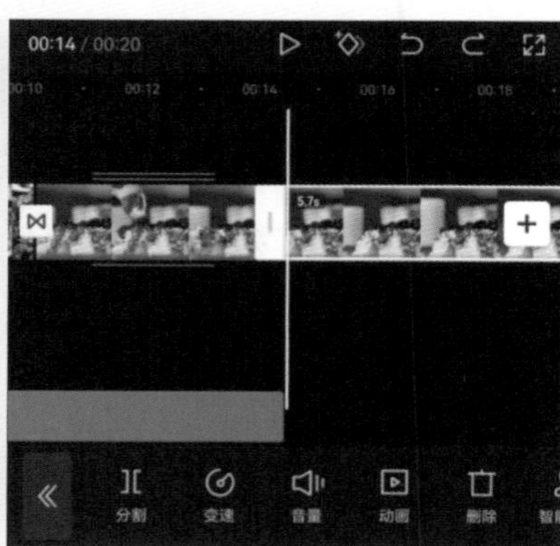

图7-119

Step24 选择“录制边框”特效轨道，调整显示时长，如图7-120、图7-121所示。

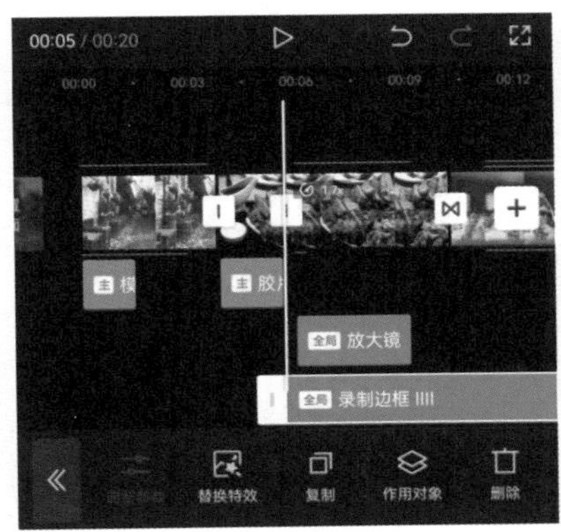

图7-120

图7-121

Step25 将时间线指针调整至最后一段视频片段起始处，点击“素材包”按钮，选择所需素材点击应用，如图7-122所示。

Step26 调整文字显示，使其居中对齐，如图7-123所示。

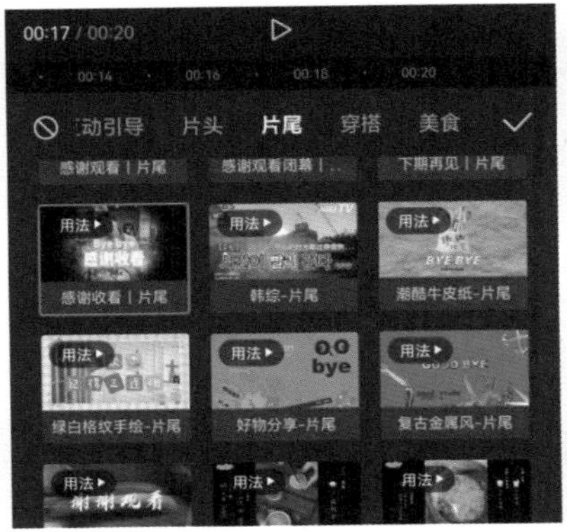

图7-122

图7-123

Step27 选择视频轨道调整时长，如图7-124所示。

Step28 点击“ | ”→“运镜转场”→“拉远”添加转场效果，设置时长为1.0s，如图7-125所示。

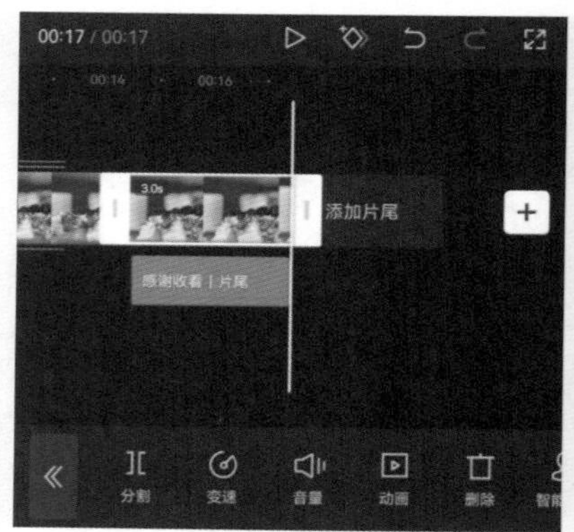

图7-124

图7-125

Step29 点击“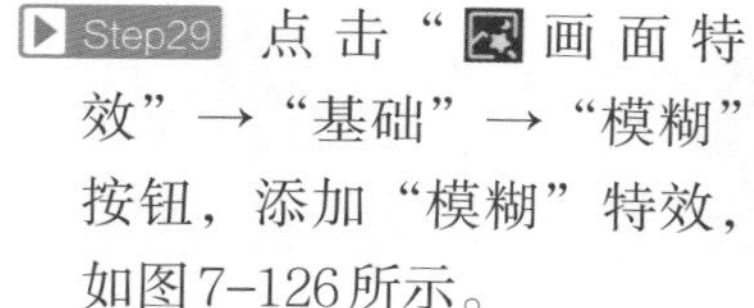画面特效”→“基础”→“模糊”按钮，添加“模糊”特效，如图7-126所示。

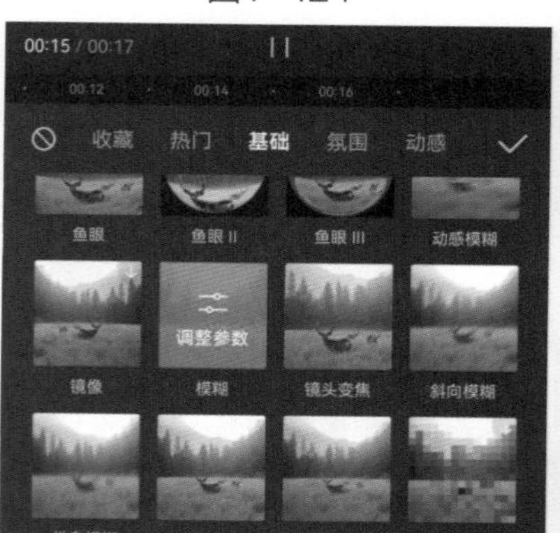

图7-126

Step30 点击“音频”按钮，删除所有素材音频，如图7-127所示。

Step31 将时间线指针拖至视频轨道起始处，点击“音乐”→“美食”按钮，为当前视频添加音乐，如图7-128所示。

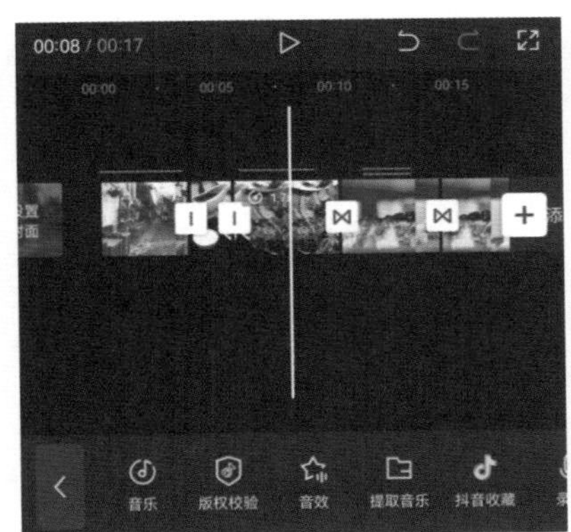

图7-127

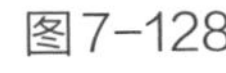

图7-128

Step32 将时间线指针调整至视频轨道末尾处，分割并删除多余的音频片段，如图7-129所示。

Step33 选择音频，点击“音量”按钮，设置音量为15，如图7-130所示。

至此，完成美食探店vlog的剪辑操作。点击“播放”按钮，预览最终设置效果。

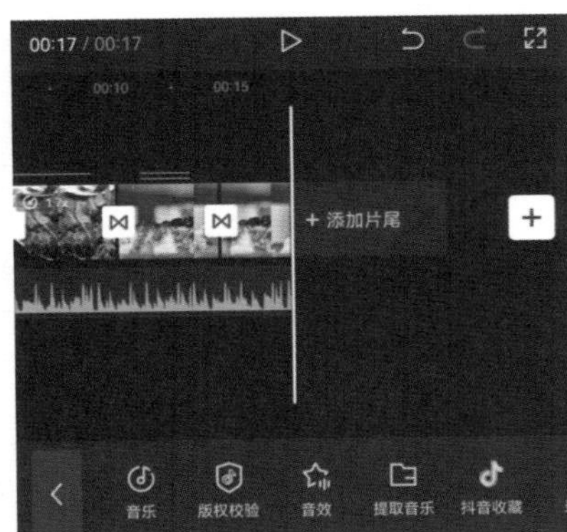

图7-129

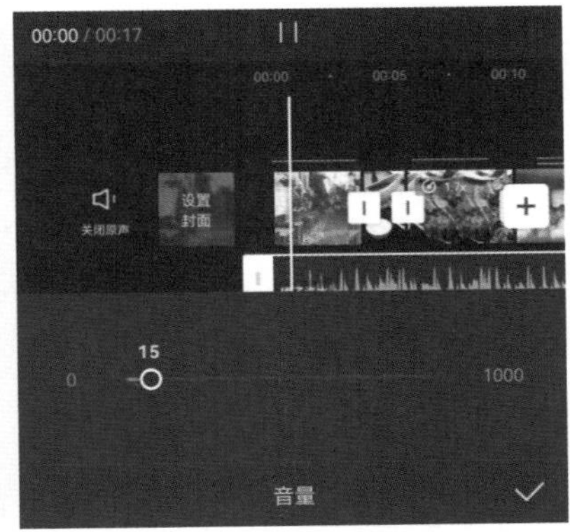

图7-130

第 8 章

转场：惊奇视觉效果

内容导读

视频中每个镜头之间的衔接被称为转场。合适的转场效果可使镜头之间衔接得更为流畅、自然。本章将着重介绍剪映中转场效果的应用，其中包括转场片段、搞笑片段、故障动画、空镜头以及一些常用的转场效果等。

学习目标

- 熟悉素材库素材
- 掌握转场效果的添加与应用效果

8.1 素材库

在剪映初始界面中点击“+开始创作”按钮进入到“素材加载”界面，选择“素材库”，如图8-1所示。可以选择“转场片段”“搞笑片段”“故障动画”“空镜头”“片头”“片尾”等不同类型的素材进行添加应用。

注意事项:

在“热门”选项中，前三个分别是“白场”“黑场”以及“透明”素材。在剪辑过程中若要添加黑白底色，也可以选择这三个素材。

8.1.1 转场片段

滑动选择“转场片段”类别，在此可选择自带音频效果、英文字幕（时间）以及进度条加载的转场视频片段，如图8-2所示。

向下滑动点击娱乐效果，在详情界面中可以进行“裁剪”“高清”以及“收藏”设置，点击右上角圆圈和右下角“添加”按钮可添加该素材，如图8-3所示。

照片视频
素材库
大家都在搜「春日」
收藏
热门
转场片段
搞笑片段
00:02
00:02
00:02
00:06
00:05
00:06
00:07
00:06
LATER...
00:01
PLEASE
2000 YEARS
高清
添加

图8-1

照片视频
素材库
大家都在搜「春日」
收藏
热门
转场片段
搞笑片段
LATER...
FLASHBACK
LATER...
00:02
00:02
00:02
THE NEXT MORNING...
SEVERAL DAYS LATER
00:02
00:02
00:04
00:08
00:12
00:07
00:07
00:05
00:03
00:09
00:16
00:11
高清
添加

图8-2

来自黑罐头作者：一颗流星
2000 YEARS
LATER
裁剪
高清
收藏
添加

图8-3

小试牛刀：制作黑场打字片头

本案例将制作视频片头效果，下面将对其操作进行介绍。

Step01 在素材库中选择黑场，点击“添加”按钮，即添加黑场，如图8-4所示。

Step02 点击“T文字”→“A+新建文本”按钮，如图8-5所示。

图8-4

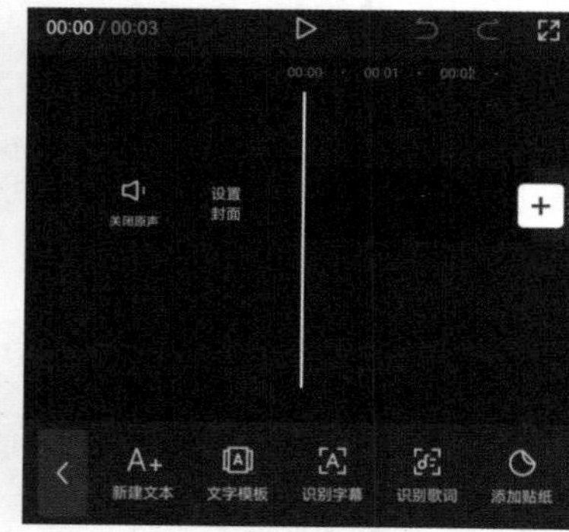

图8-5

Step03 输入文字，并设置好字体格式，如图8-6所示。

Step04 设置排列参数。将“字间距”设为5，将“行间距”设为10，如图8-7所示。

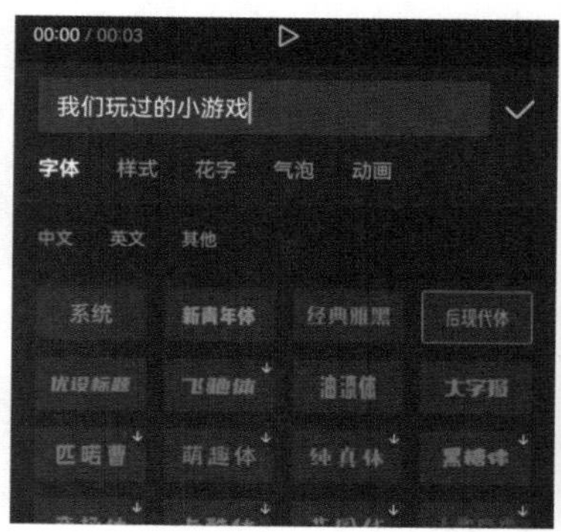

图8-6

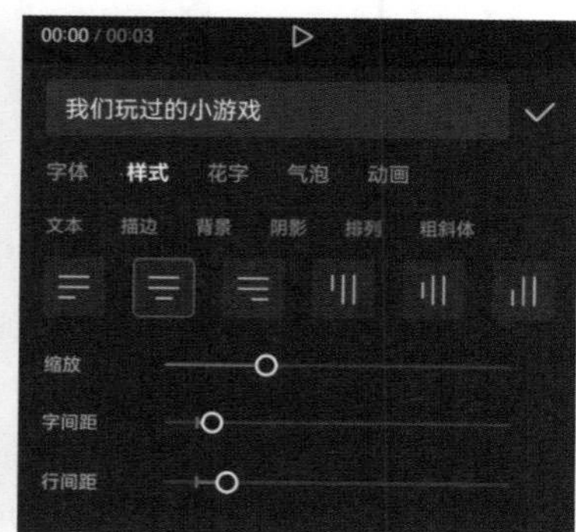

图8-7

Step05 点击“动画”，为其设置入场动画，如图8-8所示。

Step06 点击“ 文本朗读”→“女声音色”→“小萝莉”按钮，将文字转换为语音，如图8-9所示。

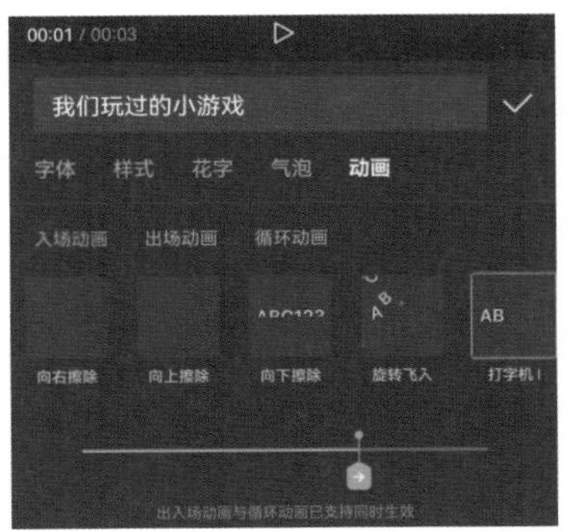

图8-8

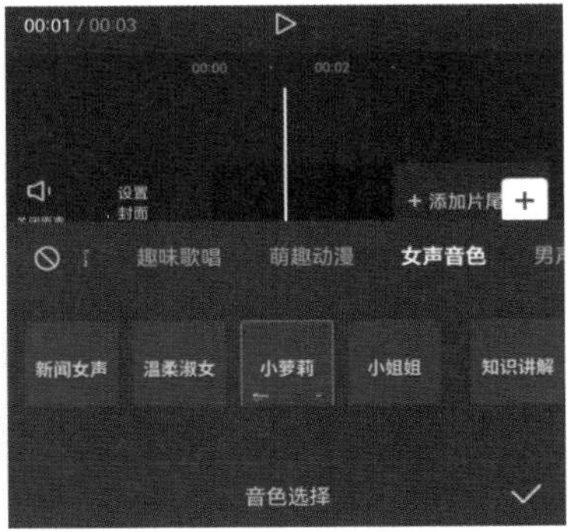

图8-9

Step07 选择“音效”按钮，搜索“打字机”，添加“打字机”音效，如图8-10所示。

Step08 根据音频调整视频与文字轨道时长，如图8-11所示。单击“播放”按钮，预览最终效果。

图8-10

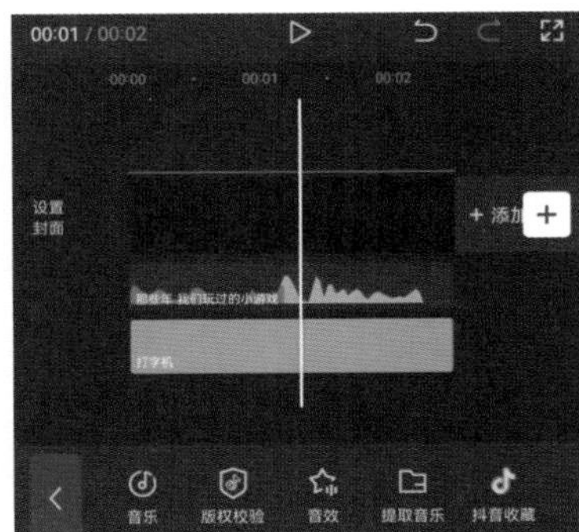

图8-11

8.1.2 搞笑片段

在“搞笑片段”类别中可以选择自带声音效果的网红搞笑片段，如图8-12所示。

8.1.3 故障动画

在“故障动画”类别中可以选择彩条、错乱条纹、雪花噪点、乱码、像素颗粒等故障效果动画，部分选项带有声音效果。点击所需效果即可应用，如图8-13所示。

8.1.4 空镜头

空镜头又称景物镜头。空镜头可分为全景或远景的风景镜头和近景或特写的细节描写镜头。常用于介绍环境背景、空间时间等。

在“空镜头”类别中可选择天空、树木、车流、日升日落等效果，点击所需效果即可应用，如图8-14所示。

图8-12

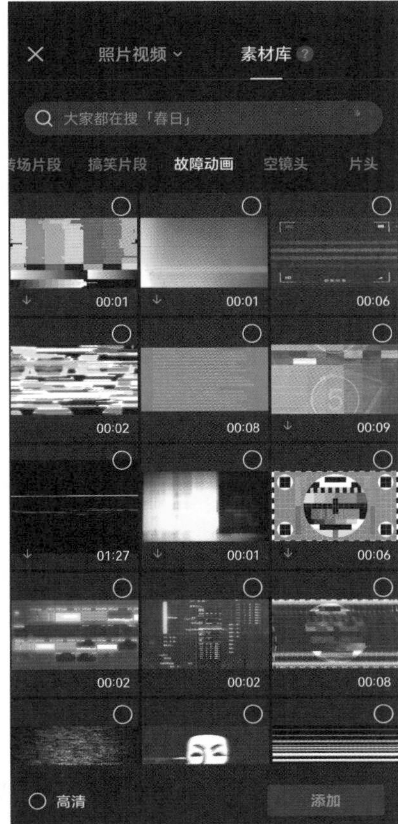

图8-13

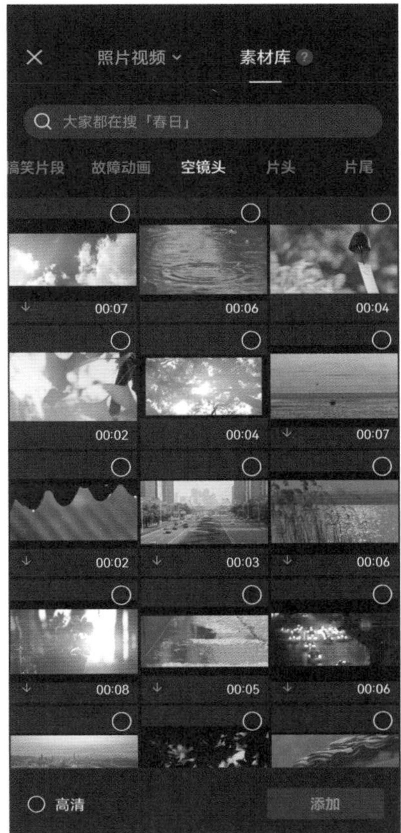

图8-14

8.1.5 片头、片尾

不同于素材包中的片头、片尾，素材库中的片头、片尾更加完整、百搭。

在“片头”类别中可以选择倒计时、充电、进度条、打卡vlog、游戏、新年等类型的片头，如图8-15所示。在“片尾”类别中可选择哥特、可爱、故障、孟菲斯等多风格的片尾，如图8-16所示。

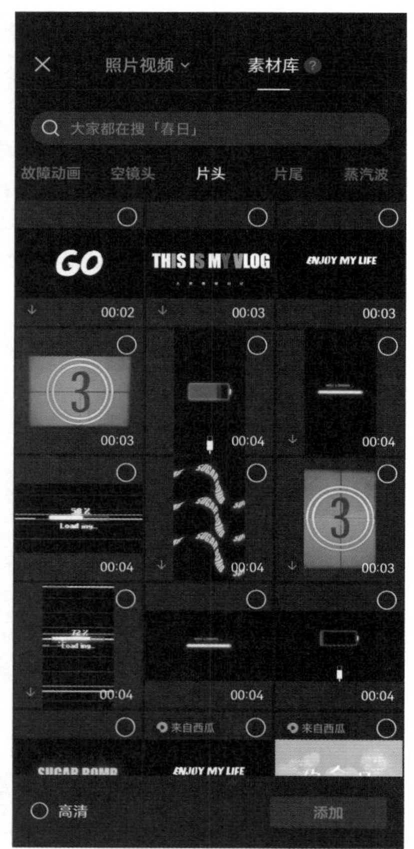

图8-15

8.1.6 蒸汽波

“蒸汽波”风格深受“赛博朋克”风格的影响，色彩迷幻、无秩序，是以复古、前卫、低保真、Windows系统界面等元素，通过拼贴、结构、打码等手法创作的前卫设计风格。

在“蒸汽波”类别中可选择一些复古梦幻的动漫片段，如图8-17所示。

8.1.7 绿幕素材

绿幕在剪辑视频中是一种特殊的工具，可将各种素材叠映到不同的背景上。在“绿幕素材”类别中可以选择开闭幕、飞机、恐龙等绿幕素材，如图8-18所示。

图8-16

图8-17

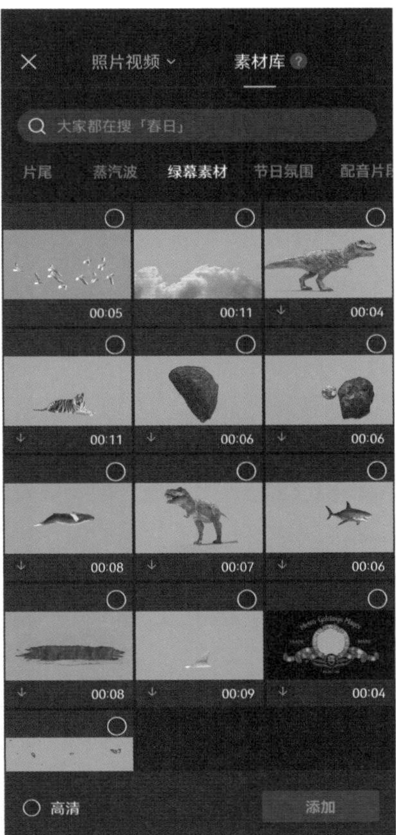

图8-18

8.1.8 节日氛围

在“节日氛围”类别中可以选择倒计时、烟花、光晕等节日氛围片段，如图8-19所示。

8.1.9 配音片段

在“配音片段”类别中可以选择无声的动漫片段，如图8-20所示，添加素材后可自行配音或使用智能音频。

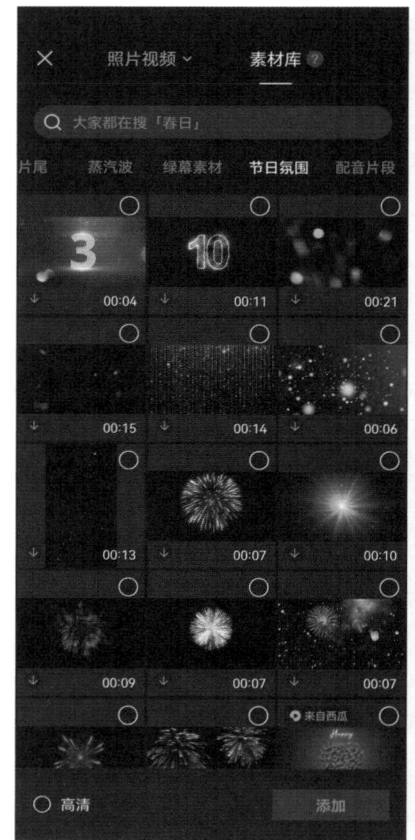

图8-19

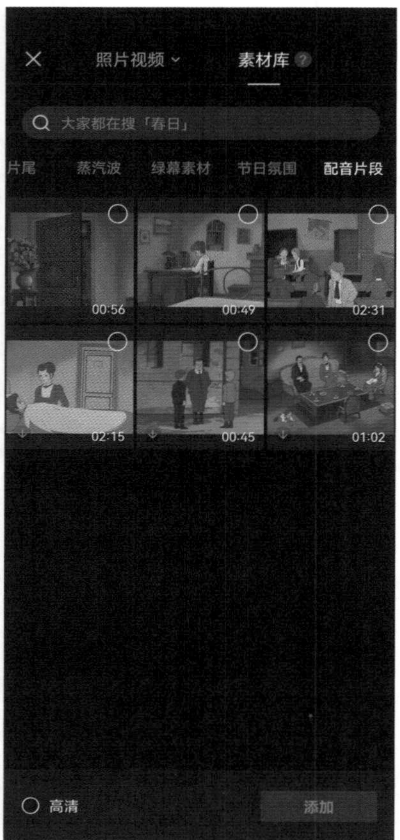

图8-20

小试牛刀：米高梅猫效果

本案例主要是使用“绿幕素材”中的“米高梅”素材来制作米高梅猫效果，下面将介绍具体的操作方法。

Step01 导入素材至轨道中，如图8-21所示。

图8-21

Step02 放大轨道，将时间线指针调整至合适位置，点击“分割”按钮，删除多余部分，如图8-22所示。

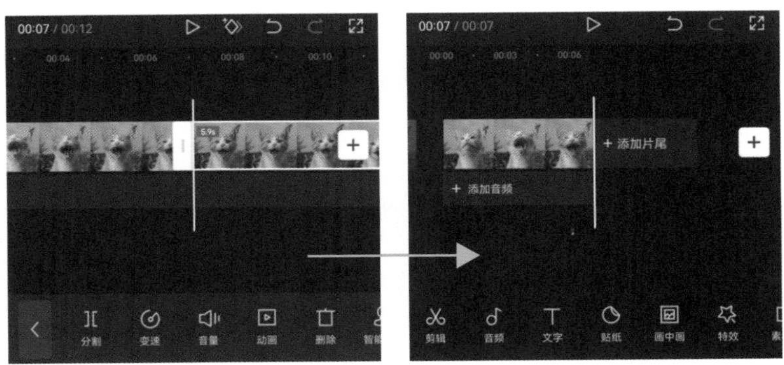

图8-22

Step03 选择视频轨道，点击“变速”→“曲线变速”→“自定”按钮，如图8-23所示。

Step04 点击“点击编辑”按钮，调整好变速轨迹，如图8-24所示。

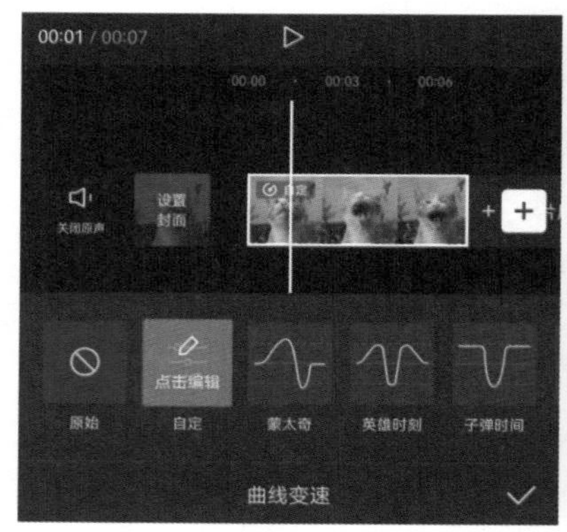

图8-23

图8-24

Step05 点击“新增画中画”→“绿幕素材”按钮，选择所需绿幕素材，并调整好画面大小，如图8-25所示。

Step06 将绿幕素材时长与视频时长设置一致，如图8-26所示。

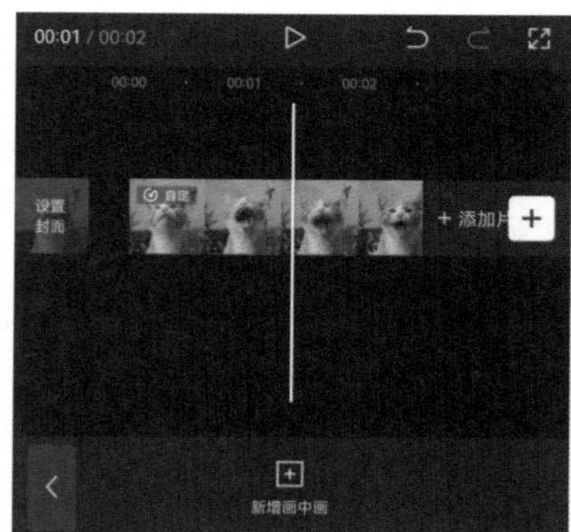

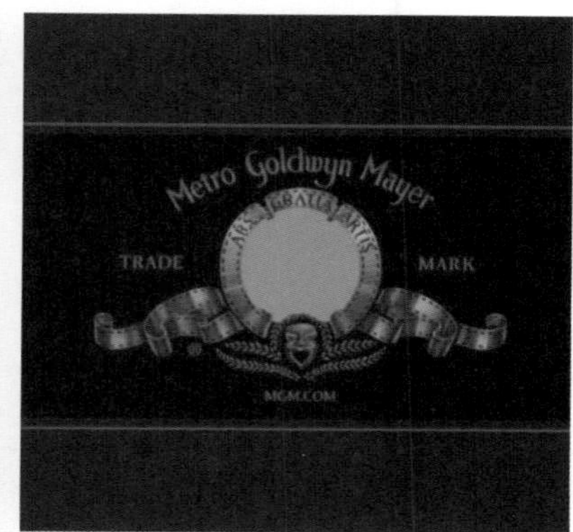

图8-25

Step07 点击“色度抠图”按钮，在取色器状态下移动光圈确定抠取颜色，如图8-27所示。

Step08 点击“强度”按钮，拖动调整抠取的强度为55，如图8-28所示。

Step09 点击“阴影”按钮，拖动调整阴影参数为66，如图8-29所示。

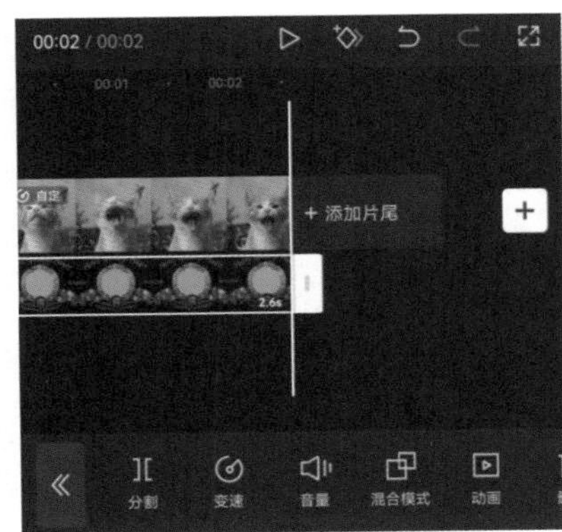

图8-26

图8-27

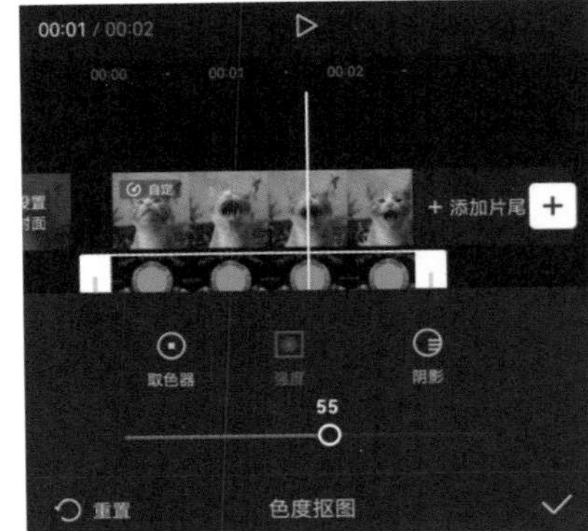

图8-28

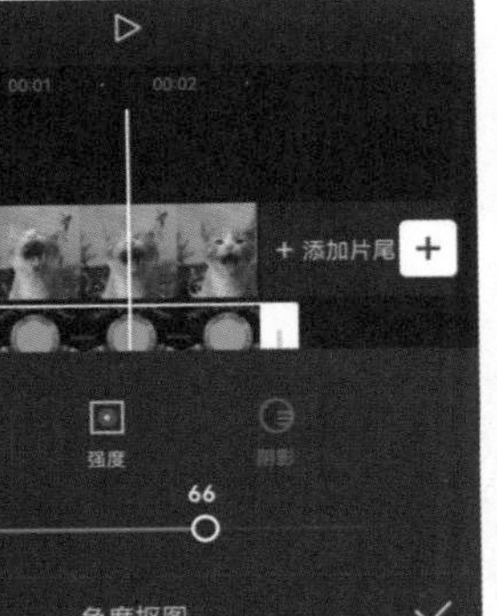

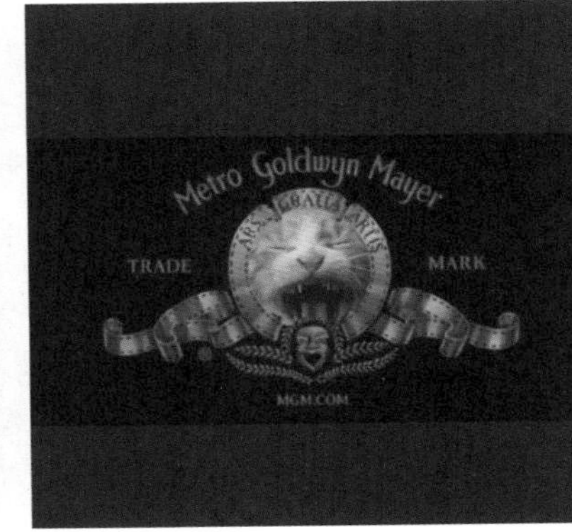

图8-29

Step10 调整原视频画面显示的大小，如图8-30所示。

Step11 点击“音频”→“音效”→“动物”→“小猫”按钮，添加音效，如图8-31所示。

图8-30

图8-31

Step12 调整好该音效的时长范围，如图8-32所示。

Step13 选择视频轨道，点击“滤镜”→“影视级”→“琥珀”按钮，拖动滑块调整数值为80，如图8-33所示。点击“播放”按钮，浏览设置效果。

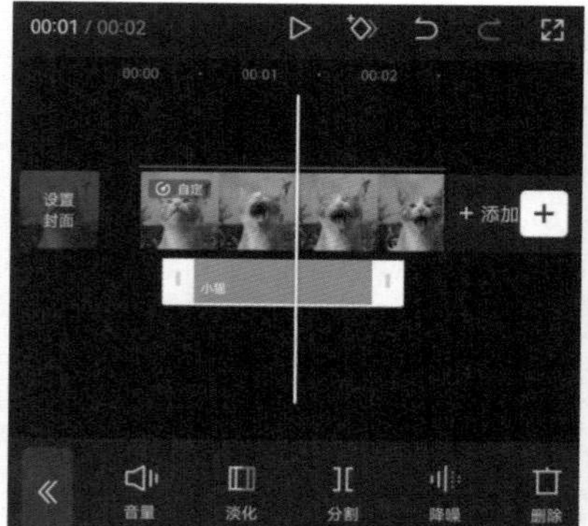

图8-32

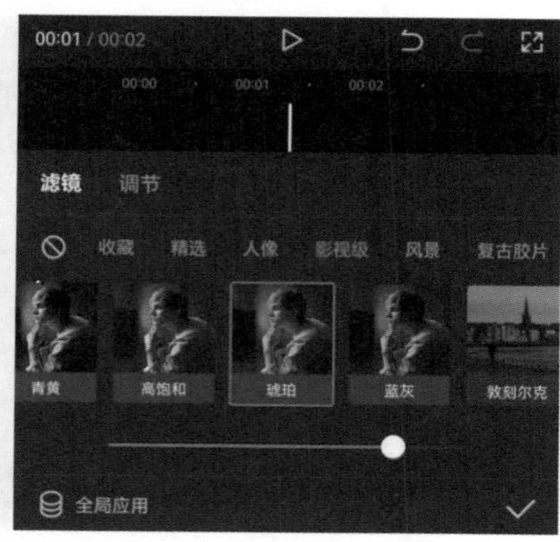

图8-33

8.2 转场效果

使用转场效果可以使前后镜头自然流畅地衔接起来，产生“蒙太奇”效应，使单一的视频段落变得完整、和谐。转场分为无技巧转场和有技巧转场。

导入多个素材至轨道中，点击两个素材间的“□”按钮可添加转场效果，如图8-34所示。

8.2.1 基础转场

“基础转场”类别包含“翻篇”“叠化”“色彩溶解”“滑动”“擦除”“无限穿越”等。该类别的转场效果比较平缓。

如图8-35所示为应用“向右擦除”转场的效果。点击“⊘”按钮可删除转场应用。点击“全局应用”按钮可将该转场效果应用至所有素材之间，如图8-36所示。

注意事项：

转场时长范围为0.1~1.5s，时长越长，转场效果越慢，反之越快。

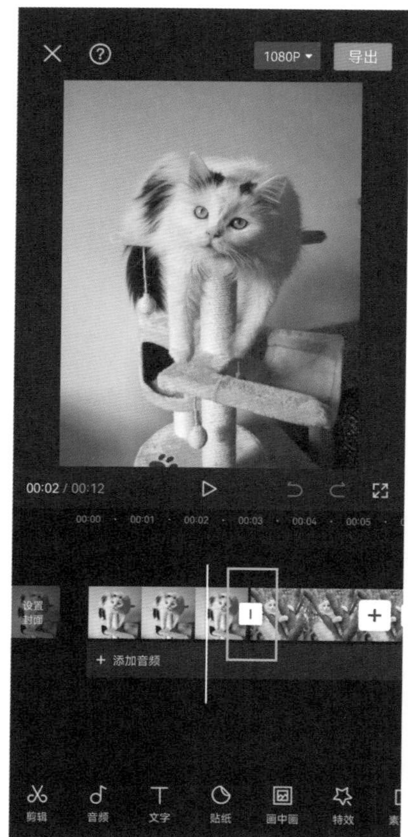

图8-34

图8-35

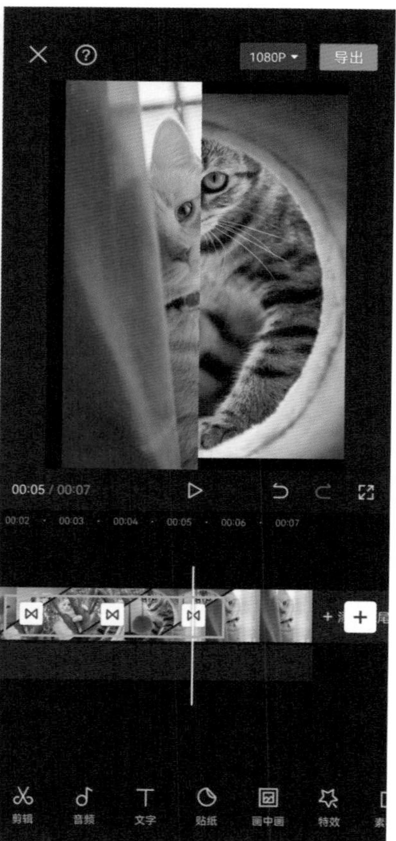

图8-36

小试牛刀：梦境遐想

本案例主要是通过分割素材，添加转场、特效以及音效，制作简单的梦境遐想效果。下面将介绍具体的操作方法。

Step01 导入素材至轨道中，如图8-37所示。

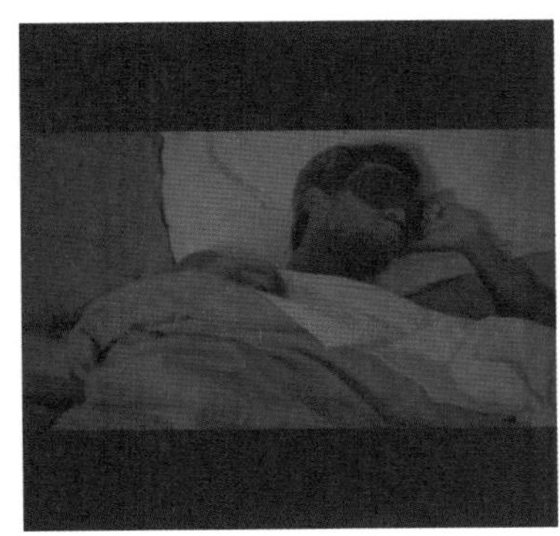

图8-37

Step02 放大轨道，将时间线指针调整至合适位置，点击“][分割”按钮，如图8-38所示。

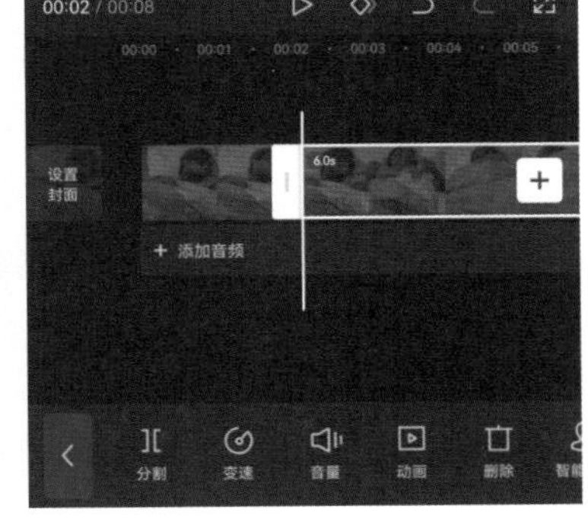

图8-38

Step03 点击“+”添加第二段素材，如图8-39所示。

图8-39

Step04 放大轨道，将时间线指针调整至合适位置，如图8-40所示。点击“分割”，删除多余部分。

Step05 点击第一个“|”→“基础转场”→“模糊”按钮，添加转场效果，设置时长为1.0s，如图8-41、图8-42所示。

Step06 将时间线指针调整至合适位置，点击“特效”→“画面特效”→“基础”→“模糊闭幕”按钮，如图8-43、图8-44所示。

Step07 调整好该特效时长，如图8-45所示。

Step08 将时间线指针移至第一个转场前，点击“音频”→“音效”按钮，为其添加“梦幻转场魔法音”音效，如图8-46所示。

Step09 调整好该音效时长，如图8-47所示。

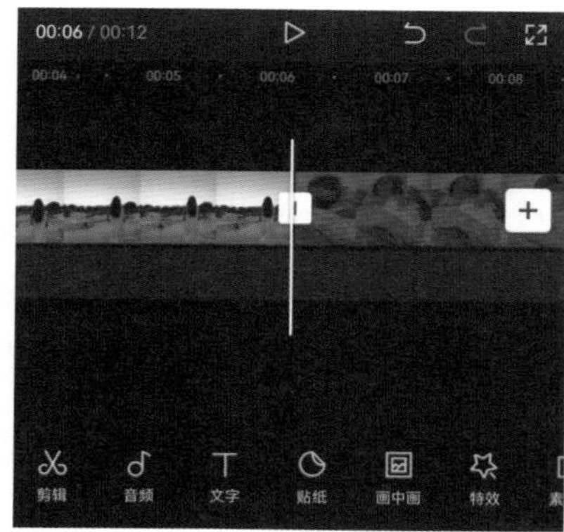

图8-40

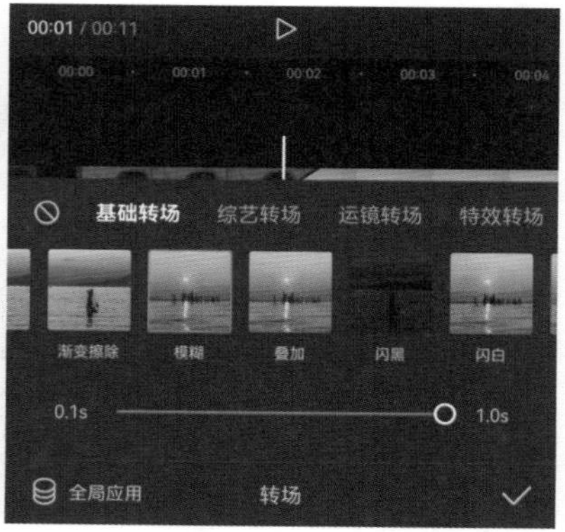

图8-41

图8-42

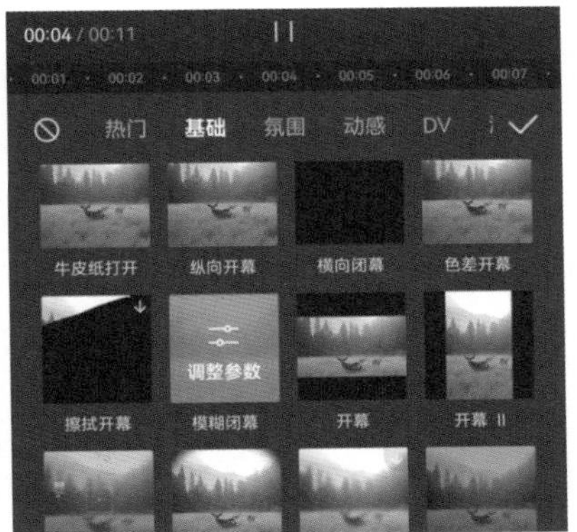

图8-43

图8-44

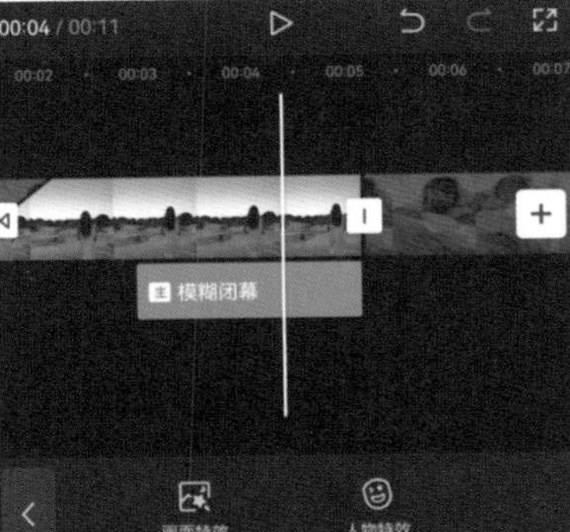

图8-45

图8-46

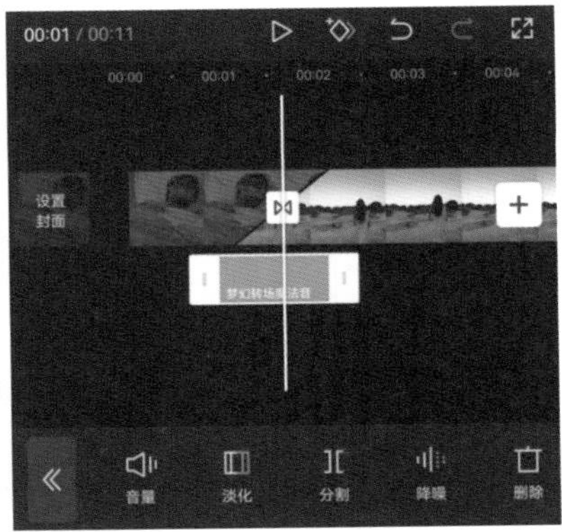

图8-47

Step10 放大轨道，将时间线指针调整至合适位置，点击“]]分割”按钮，删除多余视频部分，如图8-48、图8-49所示。点击“播放”按钮，预览最终设置效果。

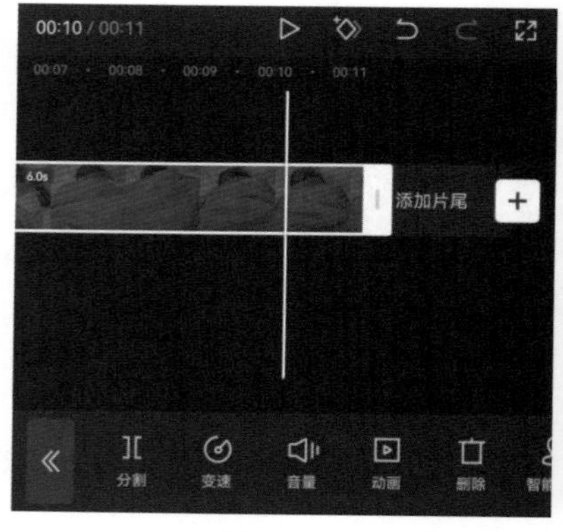

图8-48

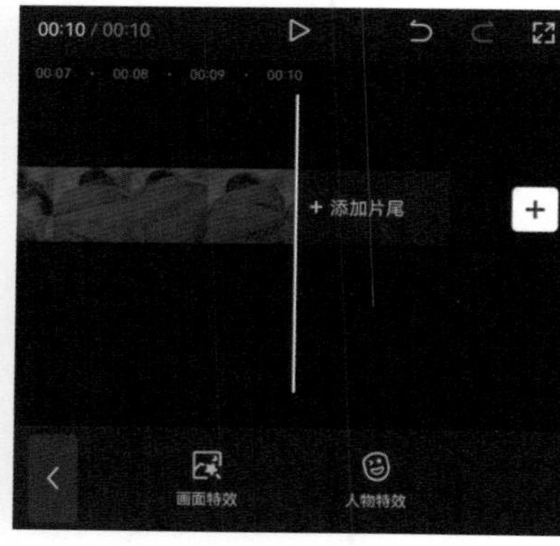

图8-49

8.2.2 综艺转场

“综艺转场”类别包含“电视故障”“打板转场”“弹幕转场”“气泡转场”以及“冲鸭”等转场效果，这一类别的转场主要运用一些综艺元素，如图8-50、图8-51所示分别为应用“电视故障Ⅱ”和“冲鸭”转场的效果。

8.2.3 运镜转场

“运镜转场”类别包含“推进”“拉远”“顺时针旋转”“逆时针旋转”“向上”“向下”“向左”“向右”等转场效果，这一类别的转场在切换过程中会产生运动模糊效果。如图8-52、图8-53所示分别为应用“色差顺时针”和“向右下”运镜转场的效果。

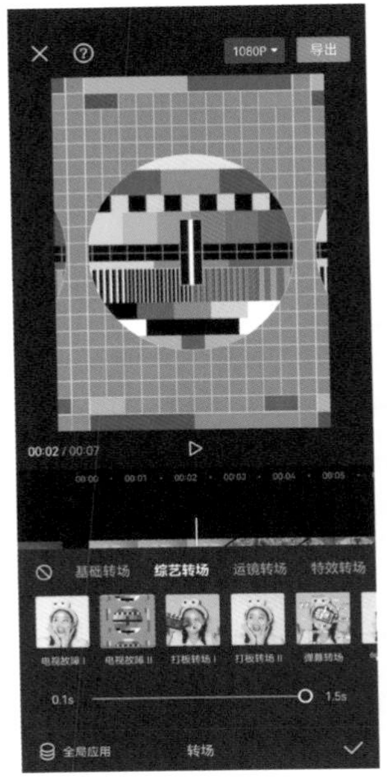

图8-50

图8-51

图8-52

图8-53

8.2.4 特效转场

“特效转场”类别包含“分割”“拉伸”“粒子”“故障”“放射”“马赛克”“火焰”等转场效果。这一类别的转场在切换过程中会产生炫酷的视觉效果，如图8-54、图8-55所示分别为应用“光束”和“色差故障”转场的效果。

8.2.5 MG转场

MG（Motion Graphics，运动图形）即随时间流动而改变形态的图形。

“MG转场”类别包含“水波”“波点”“箭头”“矩形”“线条”等转场效果，如图8-56、图8-57所示分别为应用“白色墨花”和“向下流动”转场的效果。

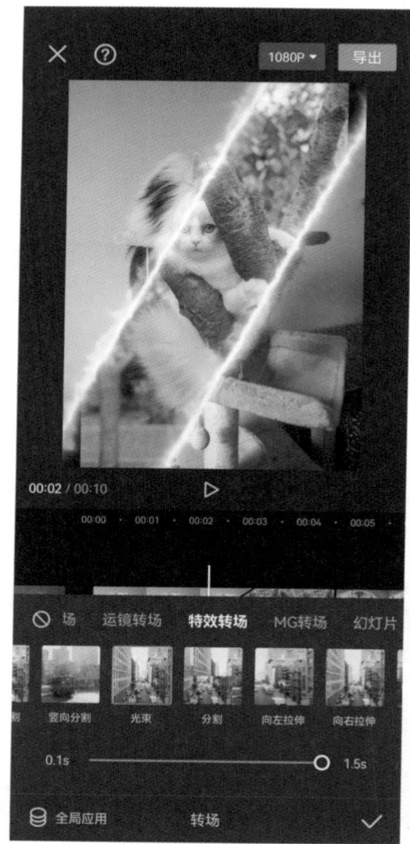

图8-54

图8-55

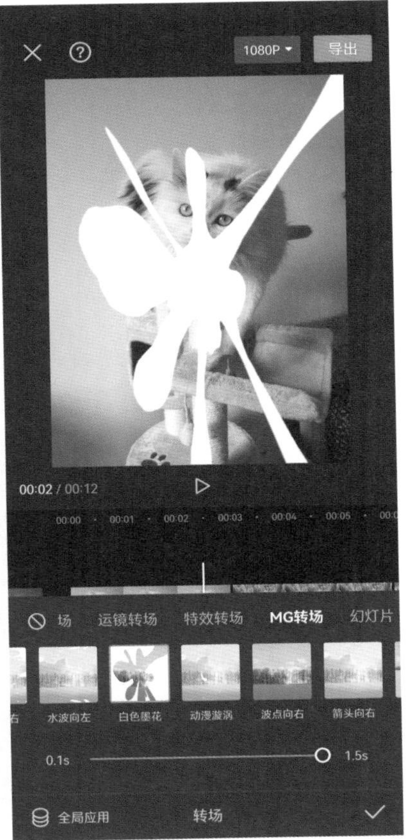

图8-56

图8-57

8.2.6 幻灯片

“幻灯片”类别包含“翻页”“回忆”“立方体”“开幕”“百叶窗”“万花筒”“弹跳”等转场效果。这一类别的转场效果在切换过程中为简单的画面运动和图形变化，如图8-58、图8-59所示分别为应用“立方体”和“百叶窗”转场的效果。

8.2.7 遮罩转场

遮罩和蒙版类似，可以将视频段落显示在遮罩图形中，通过不同的形状遮罩完成段落与段落之间的转场。

“遮罩转场”类别包含“云朵”“圆形”“星星”“爱心”“撕纸”“水墨”“画笔”等转场效果，如图8-60、图8-61所示分别为应用“云朵Ⅱ”和“画笔擦除”转场的效果。

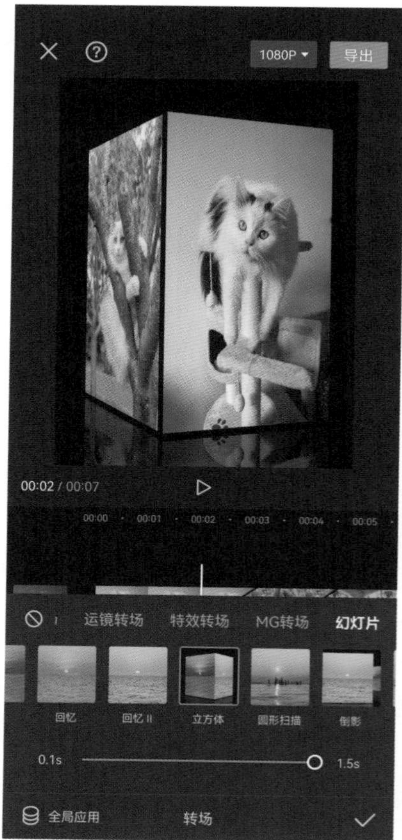

图8-58

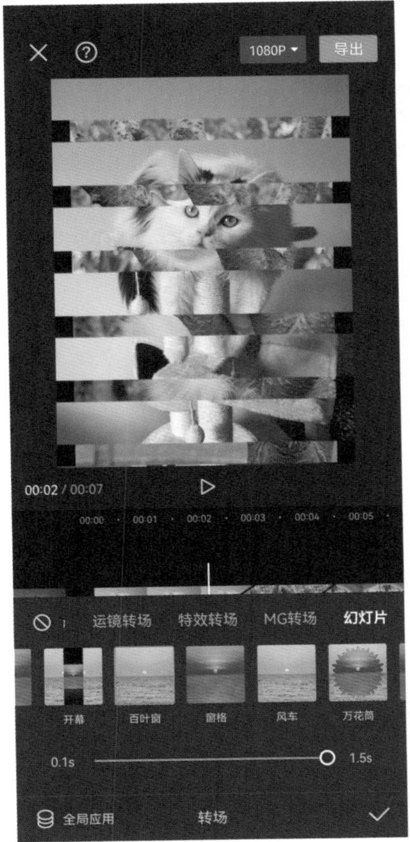

图8-59

图8-60

图8-61

小试牛刀：日夜光束转场

本案例主要是运用“空镜头”素材，调整时长并添加“光束”转场，营造日夜交替等效果。具体操作如下。

Step01 在素材库中选择“空镜头”，选择所需素材点击“添加”按钮，添加至轨道中，如图8-62、图8-63所示。

Step02 选择视频轨道，点击“变速”→“常规变速”按钮，将变速参数调整为0.4×，如图8-64、图8-65所示。

Step03 将时间线指针定位至日夜交替处，点击“分割”按钮，分割素材，如图8-66所示。

图8-62

图8-63

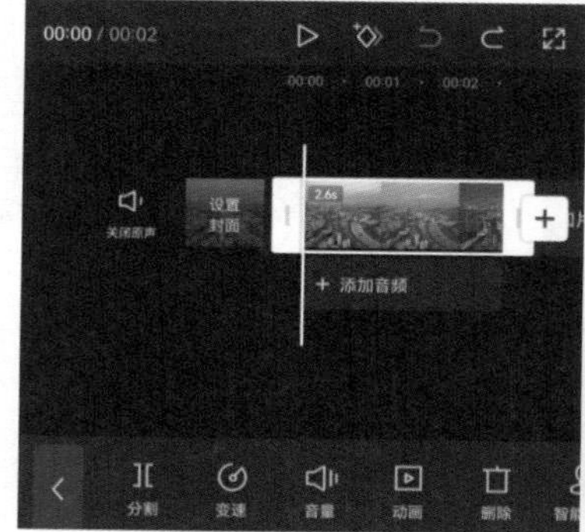

图8-64

图8-65

Step04 点击“ ”→“特效转场”→“光束”，添加转场效果，调整其转场时长为1.0s，如图8-67、图8-68所示。

Step05 选择第一段视频，更改变速倍数为0.5×，如图8-69所示。点击“播放”按钮，预览最终设置效果，如图8-70所示。

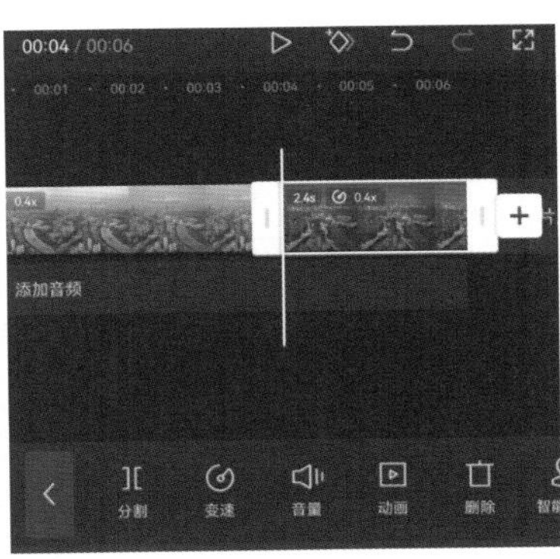

图8-66

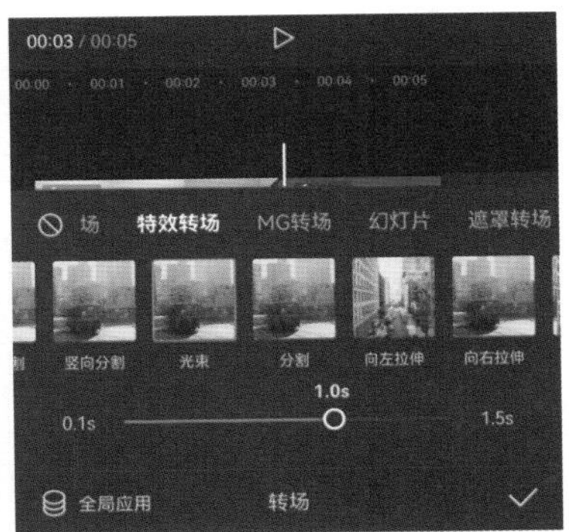

图8-67

图8-68

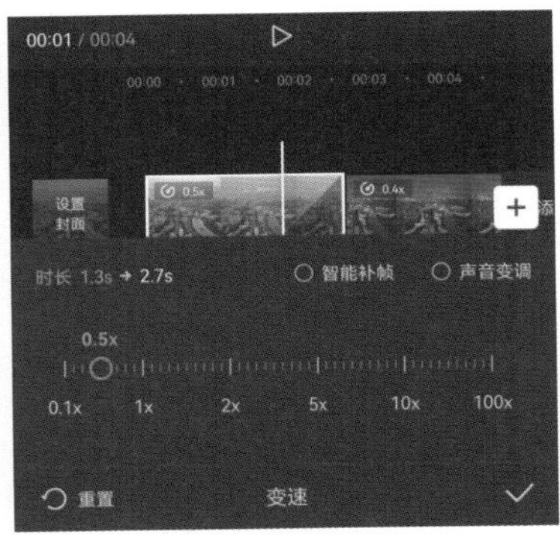

图8-69

图8-70

附 录

附录A 剪映专业版快速上手指南

随着抖音短视频的兴起，抖音官方也推出了剪映专业版，可以在电脑上更加直观、全面地进行操作剪辑。专业版是由手机端演变而来，所以在功能上几乎无差别。

启动剪映专业版，进入初始界面，如图A-1所示。点击“开始创作”按钮开始创作，在操作过程中无须手动保存，系统会实时进行保存。在“剪辑草稿”中会存放剪辑过的视频，单击即可进入“编辑”界面。单击“批量管理”按钮可批量删除、备份草稿。

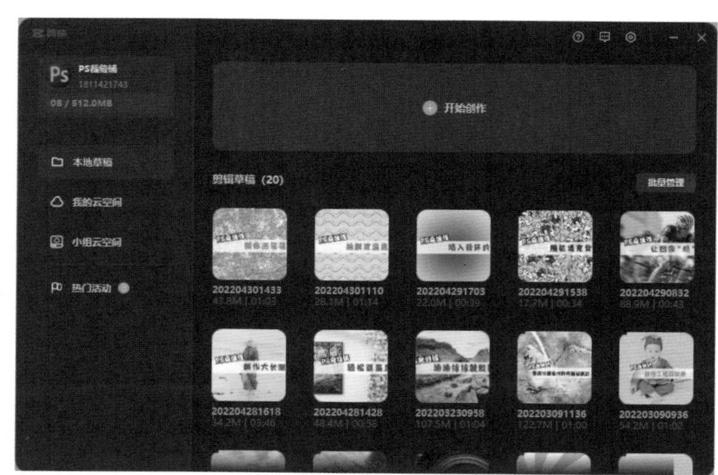

图A-1

单击“开始创作”按钮，进入工作界面，该界面中主要分为工具栏、素材区、预览区、细节调整区、常用功能区以及时间线区域，如图A-2所示。

注意事项：

将鼠标放在每个区域交界处出现“ ”图标时，可拖动调整区域大小。

图A-2

A.1 “工具”栏+素材区

“工具”栏中包含“媒体”“音频”“文本”“贴纸”“特效”“转场”“滤镜”以及“调节”8个选项。选择每个工具都会在素材区中显示相应的选择项。

（1）媒体

选择“媒体”，单击“本地”可导入视频、音频、图片，如图A-3所示。“素材库”中包含“黑白透明场”“转场片段”“搞笑片段”“故障动画”“片头”“片尾”“蒸汽波”“绿幕素材”以及“配音片段”。单击“”预览，单击“”收藏，单击“”添加至轨道，如图A-4所示。

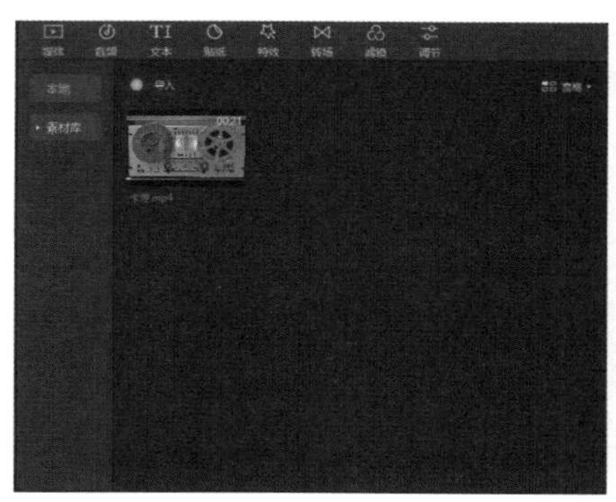

图A-3

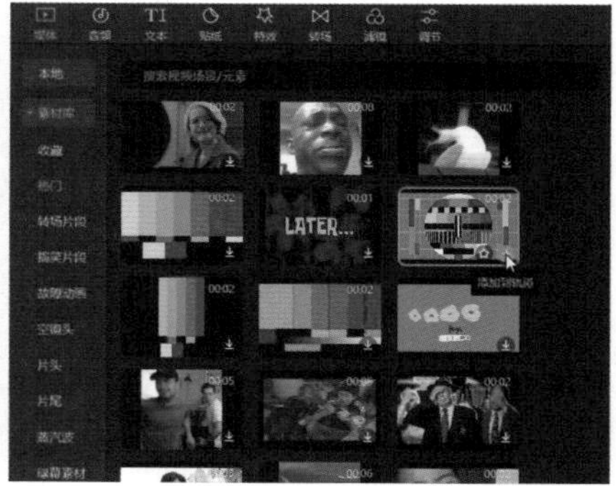

图A-4

注意事项：

若要对素材进行剪辑操作，需将“素材库”中的视频、音频、图片拖动至轨道中，直接将素材拖动至轨道上方，可实现多轨道的画中画效果，如图A-5、图A-6所示（专业版无“画中画”和“切画中画”功能，直接拖动即可）。

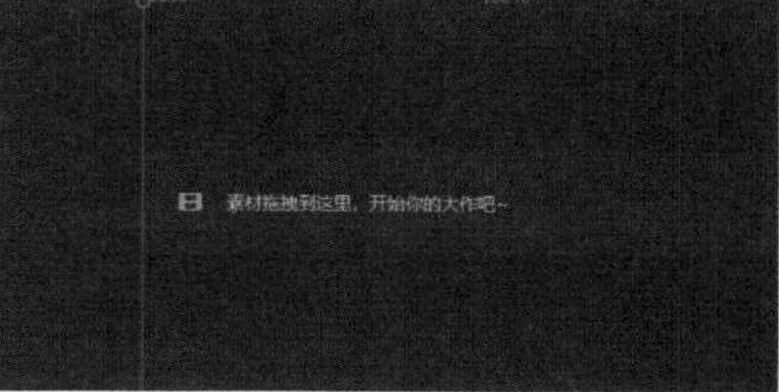

图A-5

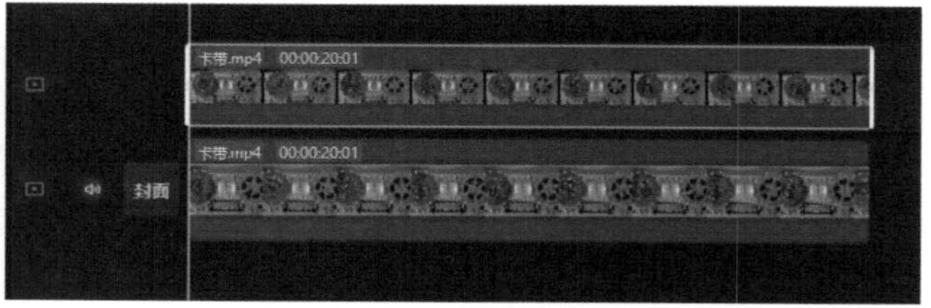

图A-6

(2)音频

选择“音频”，可在左侧选择“音乐素材”“音效素材”“音频提取”“抖音收藏”以及“链接下载”5个选项，在右侧的“搜索”栏中可直接输入歌曲名称或歌手进行快速搜索，如图A-7所示。

● 音乐素材：查看并选择“抖音”“卡点”“纯音乐”“VLOG”“旅行”等30种类别的音乐，添加至轨道即可应用，如图A-8所示。

● 音效素材：查看并选择“综艺”“笑声”“机械”“BGM”“人声”“转场”“游戏”等19种类别的音效，添加至轨道即可应用，如图A-9所示。

● 音频提取：导入素材视频，将其拖动到时间线区域即可获取音频轨道，如图A-10所示。

● 抖音收藏：剪映号绑定抖音时，在抖音收藏的音乐可在此显示。

● 链接下载：粘贴抖音分享的视频、音乐链接，解析完成可将其拖动到时间线区域获取音频轨道。

图A-7

图A-8 图A-9

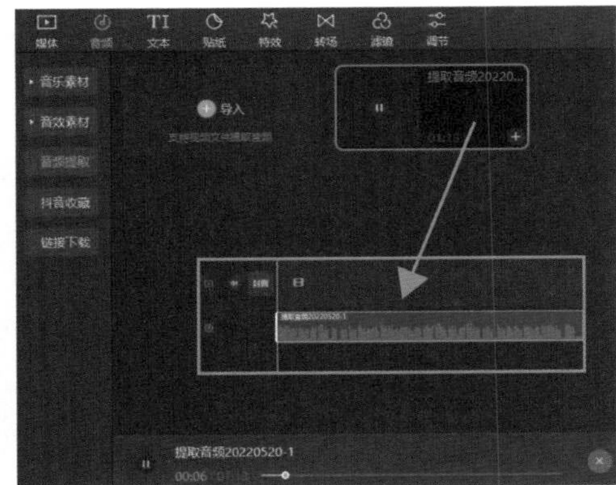

图A-10

（3）文本

选择“TI文本”，可在左侧选择“新建文本”“文字模板”“智能字幕”以及“识别歌词”4个选项。

- 新建文本：可选择默认文本和多种花字效果，添加至轨道即可应用，如图A-11所示。
- 文字模板：查看并选择“热门”“情绪”“综艺感”“气泡”“手写字”“简约”“互动引导”等21种类别的文字模板，添加至轨道即可应用，如图A-12所示。
- 智能字幕：可选择“识别字幕”和“文稿匹配”并自动生成字幕，如图A-13所示。
- 识别歌词：识别音轨中的人声，并自动在时间轴上生成字幕文本，如图A-14所示。

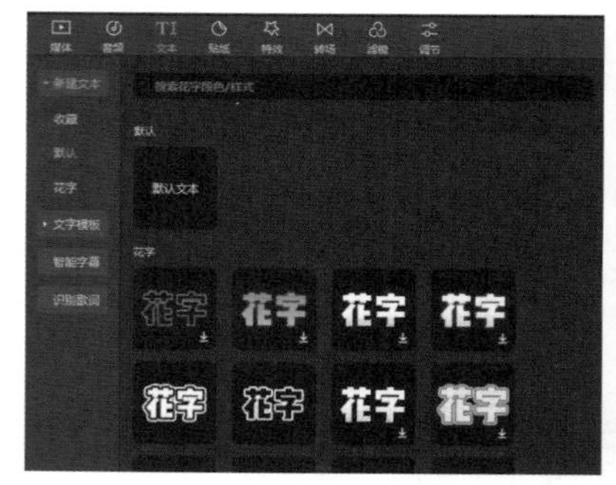

图A-11

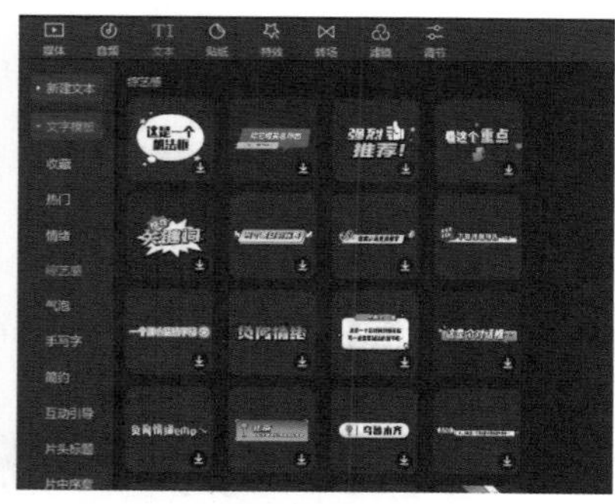

图A-12

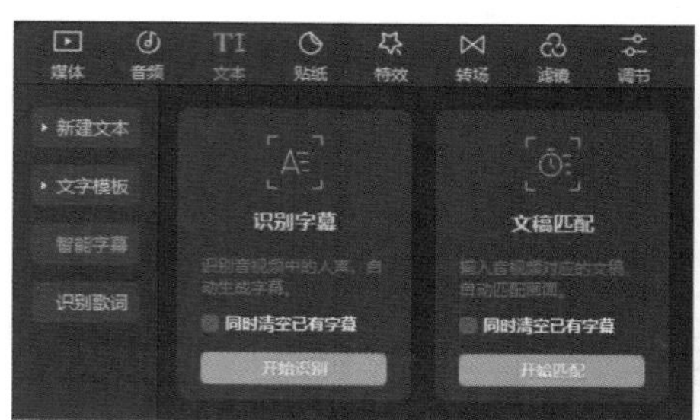

图A-13

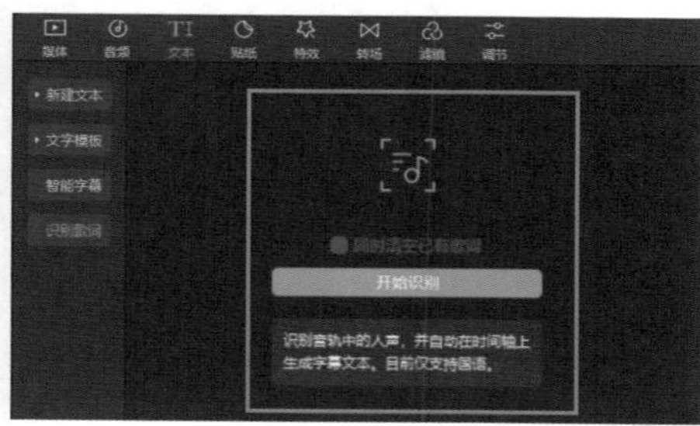

图A-14

（4）贴纸

选择“贴纸”，查看并选择“热门”“遮挡”“爱心”“闪闪”“边框”“脸部装饰”“节气”等18种类别的贴纸素材，添加至轨道即可应用，如图A-15所示。

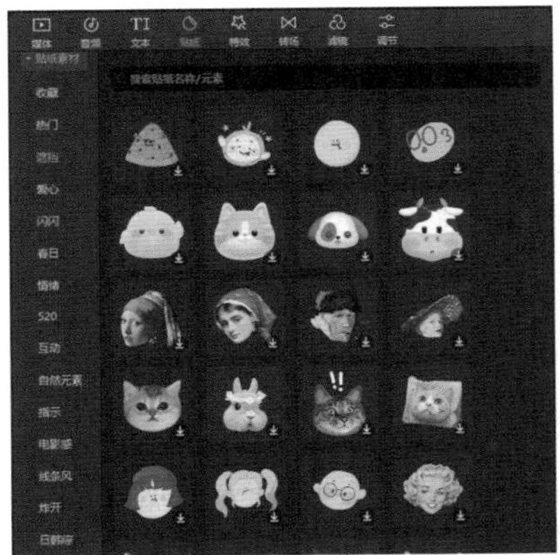

图A-15

（5）特效

选择“特效”，查看并选择“热门”“基础”“氛围”“动感”“边框”“漫画”“暗黑”等19种类别的特效，添加至轨道即可应用，如图A-16所示。

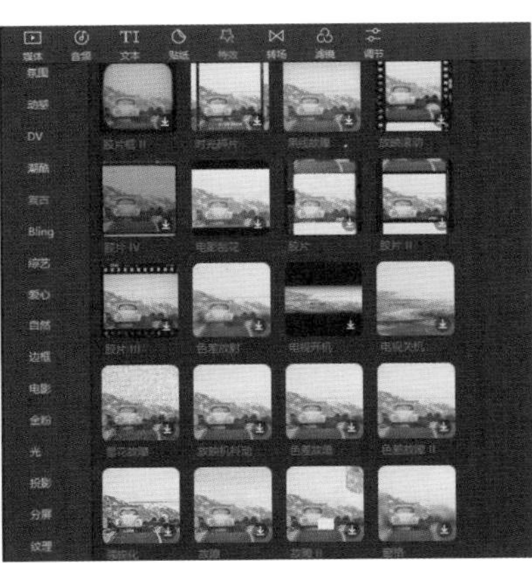

图A-16

（6）转场

选择“转场”，查看并选择“基础转场”“综艺转场”“运镜转场”“特效转场”“MG转场”“幻灯片”以及“遮罩转场”等多种类别的转场效果，添加至轨道即可应用，如图A-17所示。

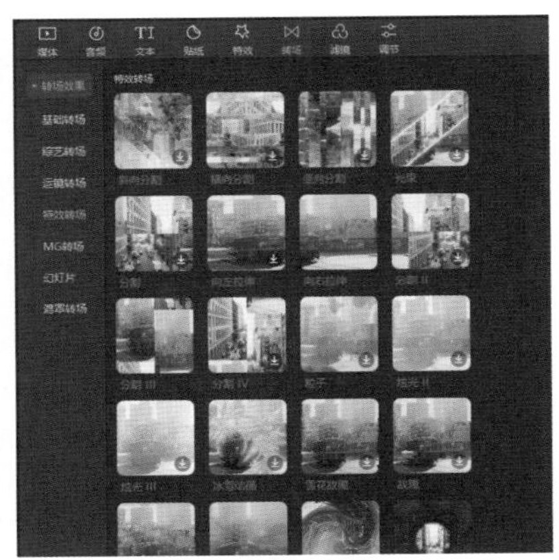

图A-17

（7）滤镜

选择“滤镜”，查看并选择“精选”“人像”“影视级”“风景”“复古胶片”“美食”“基础”“夜景”“露营”“室内”“黑白”以及“风格化”等多种类别的滤镜效果，添加至轨道即可应用，如图A-18所示。

（8）调节

选择“调节”，可将“自定义调节”添加至轨道，在细节调整区进行参数调整，将其保存为预设，可在“我的预设”中快速应用，如图A-19所示。

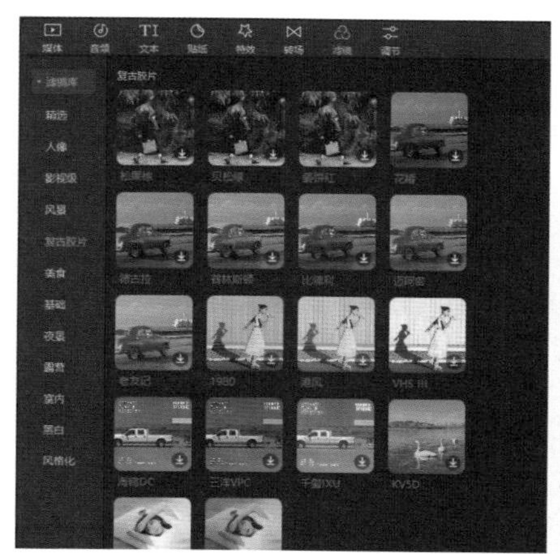

图A-18

图A-19

A.2 预览区

预览区即播放器，在剪辑过程中，可随时在播放器中进行查看，单击“画质”按钮，在弹出的菜单中可选择“性能优先”或“画质优先”，如图A-20所示。单击“”显示示波器，可搭配调节调整视频色彩，如图A-21所示。单击“适应”，在弹出的菜单中可调整画面比例，如图A-22所示。单击“”可全屏预览。

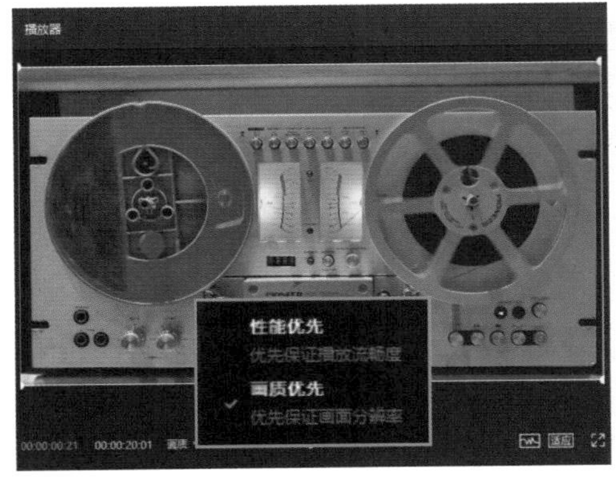

图A-20

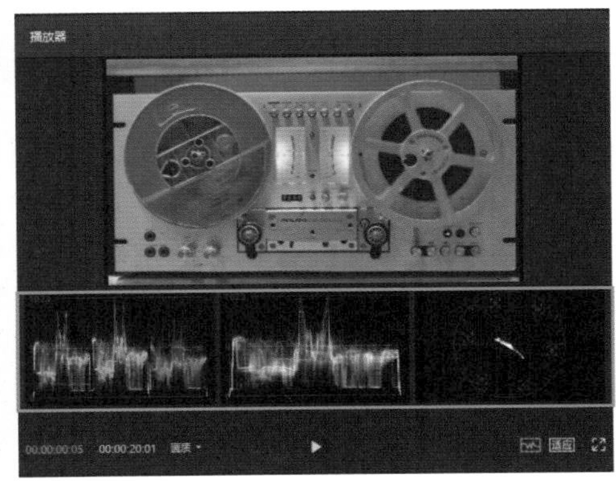

图A-21

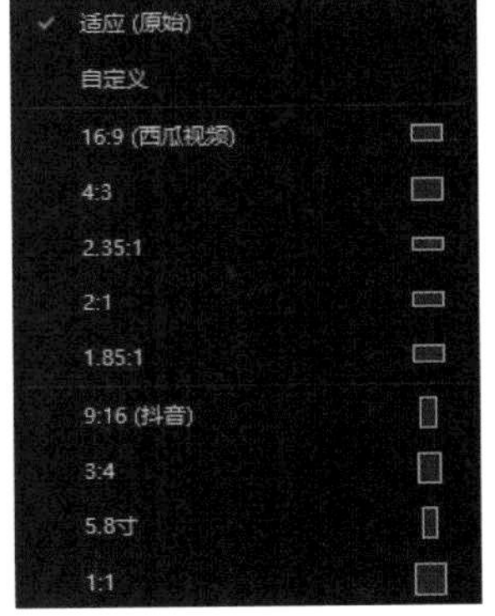

图A-22

A.3 细节调整区

（1）视频轨道

选择时间线中的任意轨道，可在该区域显示针对该轨道的细节设置。选择视频轨道，在该区域中可选择“画面”“变速”“动画”以及“调节”4个类别对该轨道进行细节调整。

选择“画面”有“基础”“抠像”“蒙版”以及“背景”4个选项。

- 基础：调整视频的位置大小、混合模式，若视频中出现人物，可在“美颜”选项中调整“磨皮”以及“瘦脸”参数，如图A-23所示。
- 抠像：勾选“色度抠图”，使用取色器取样颜色，调整“强度”和“阴影”进行抠图，若视频中出现人物，可勾选“智能抠像”快速抠图，如图A-24所示。
- 蒙版：可添加“线性”“镜面”“圆形”“矩形”“爱心”以及“星形”蒙版效果，如图A-25所示。
- 背景：可选择“模糊”“颜色”以及“样式”对视频背景进行设置，如图A-26所示。

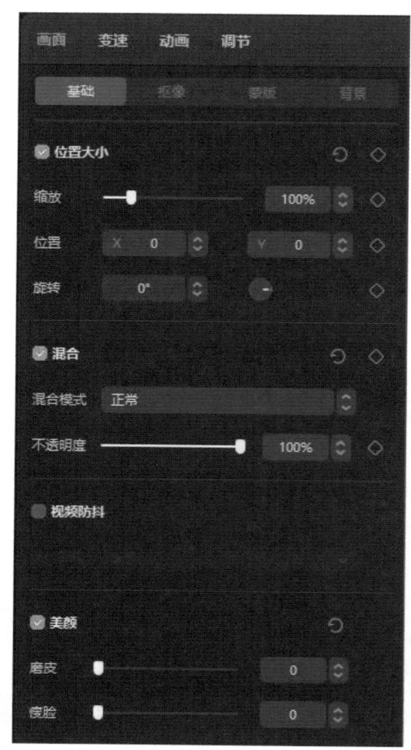

图A-23

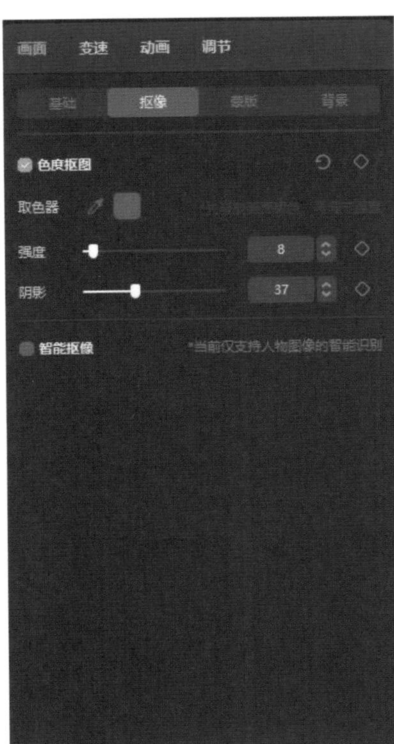

图A-24

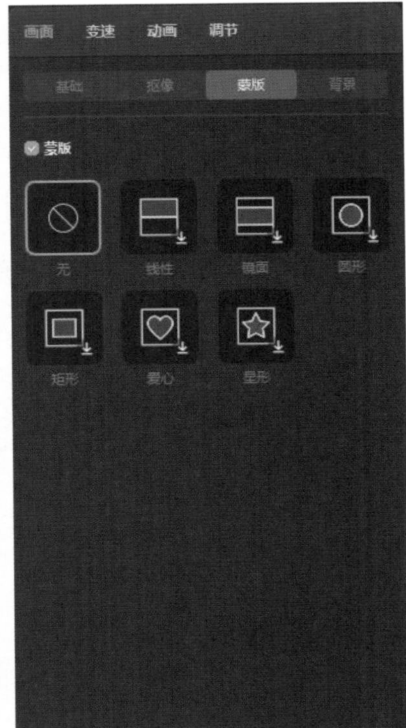

图A-25

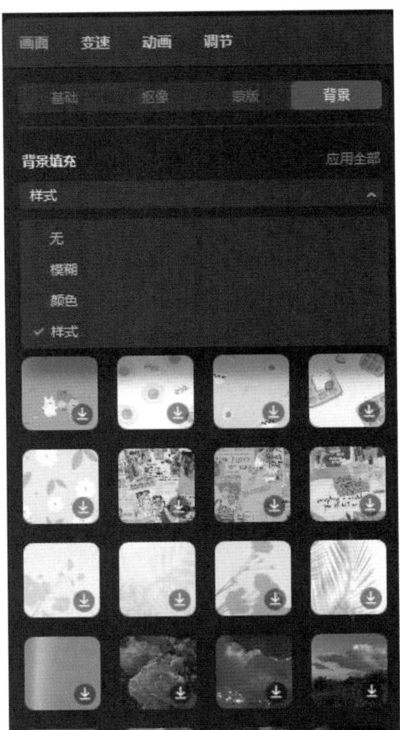

图A-26

选择“变速”有“常规变速”和“曲线变速”2个选项。

● 常规变速：设置倍速或直接设置视频时长，选择“声音变调”可调整声音，如图A-27所示。

● 曲线变速：自定义或使用“蒙太奇”“英雄时刻”“子弹时间”“跳接”“闪进”以及“闪出”预设变速，如图A-28所示。

选择“动画”有“入场”“出场”以及“组合”三个选项。

● 入场动画：设置视频或照片入场时的动画，例如“渐显”“轻微放大”“旋转”“钟摆”等，如图A-29所示。

● 出场动画：设置视频或照片出场时的动画，例如“渐隐”“轻微放大”“旋转”“向上转出”等。

● 组合动画：设置视频或照片入场、出场时的组合动画，例如“拉伸扭曲”“手机”“绕圈圈”“左右分割”等，单击即可应用，在底部可设置“动画时长”，如图A-30所示。

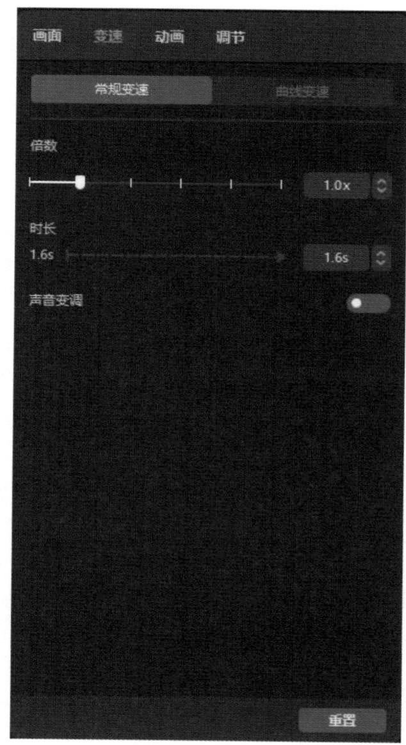

图A-27

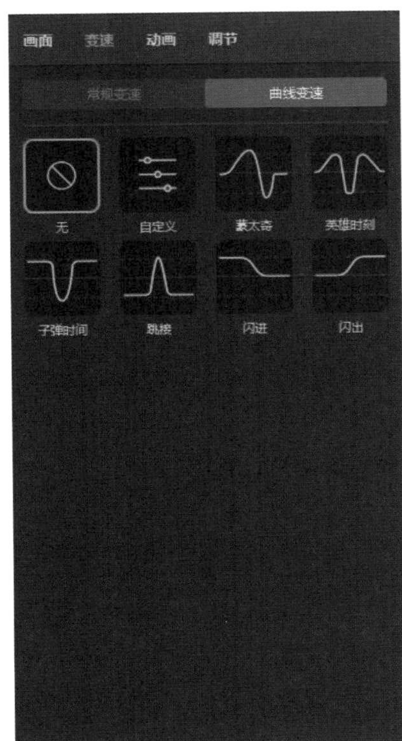

图A-28

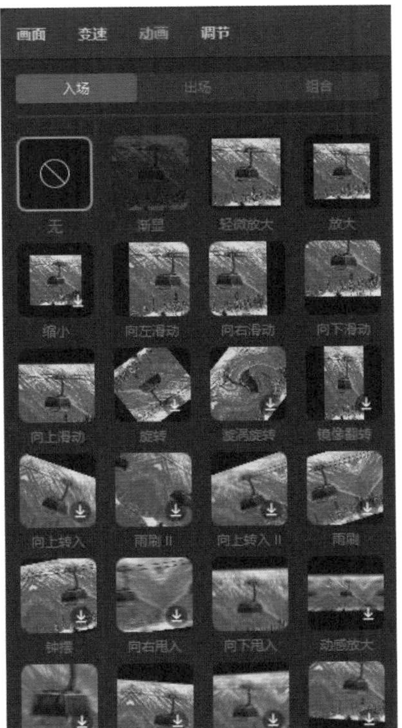

图A-29

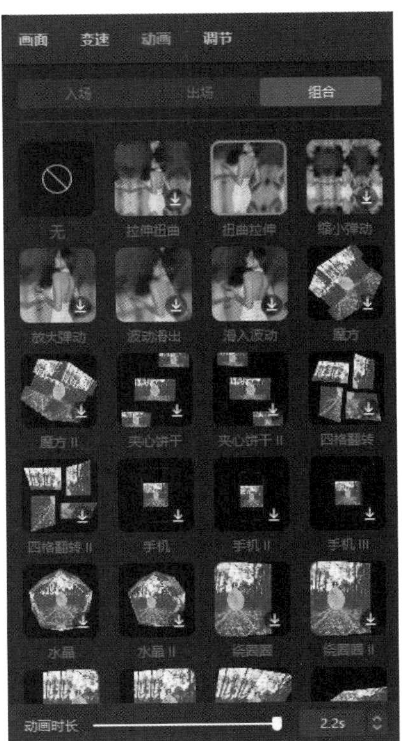

图A-30

选择“调节”有“基础”“HSL”“曲线”以及“色轮”4个选项。

● 基础：启用“LUT”可对肤色进行设置，启用“调节”可设置视频的“色彩”“明度”以及“效果”，如图A-31所示。

● HSL：设置8种颜色的“色相”“饱和度”以及“亮度”，如图A-32所示。

● 曲线：可在“亮度”“红色通道”“绿色通道”以及“蓝色通道”中调整曲线参数，如图A-33所示。

● 色轮：可选择“一级色轮”或“Log色轮”，设置“强度”，拖动“暗部”“中灰”“亮部”以及“偏移”色轮调整显示，如图A-34所示。

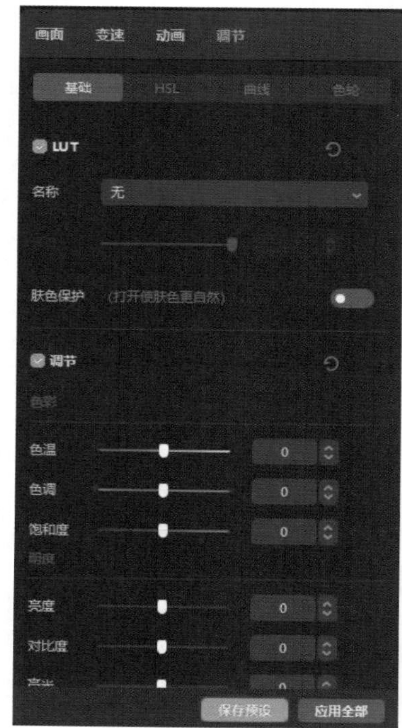

图A-31

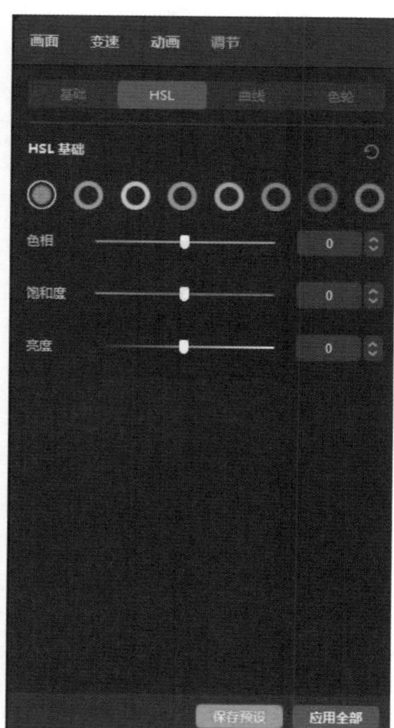

图A-32

（2）音频轨道

选择音频轨道，该区域中有“基本”和“变速”2个选项。

● 基本：调整音频“基础”的“音量”“淡入时长”“淡出时长”以及“音频降噪”，在“变声”中可设置“萝莉”“大叔”“花栗鼠”以及“黑胶”等多种声线，如图A-35所示。

● 变速：设置倍速或直接设置视频时长，勾选“声音变调”可调整声音。

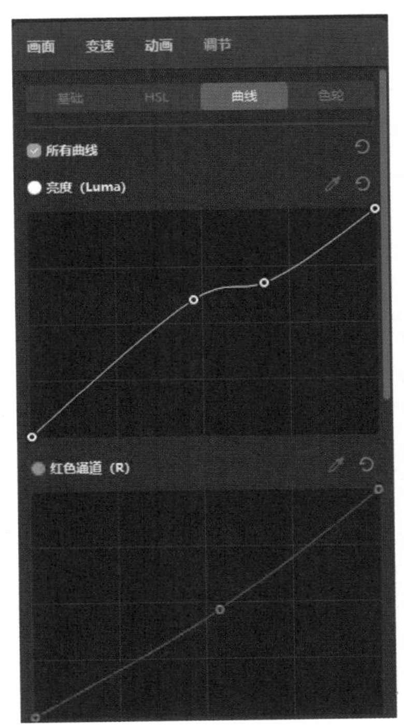

图A-33

图A-34

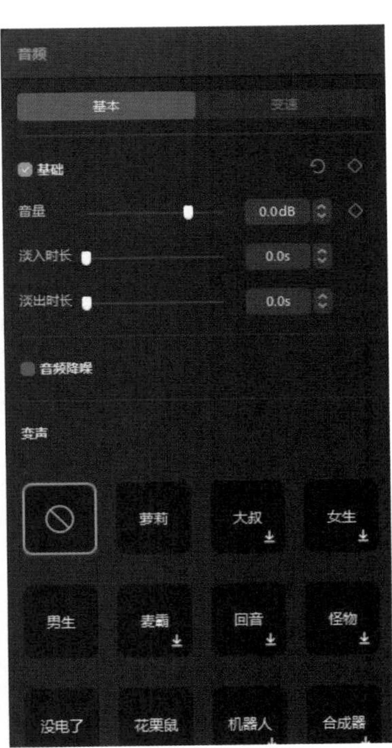

图A-35

（3）文字轨道

选择文字轨道，在该区域中可选择“字幕”“文本”“动画”以及“朗读”4个类别对该轨道进行细节调整。选择字幕，点击“查找替换”，在弹出的对话框中，可输入文字进行查找替换，如图A-36所示。

选择“文本”有“基础”“气泡”以及“花字”3个选项。

- 文本：输入文本内容，设置字体、样式、颜色、预设样式、排列方式、位置大小、混合模式、描边、边框以及阴影参数，如图A-37所示。
- 气泡：设置气泡样式，单击“重置”恢复默认效果，如图A-38所示。
- 花字：设置花字样式。

图A-36

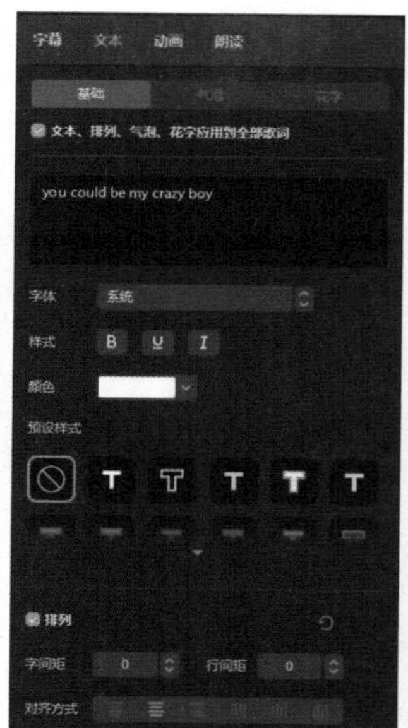

图A-37

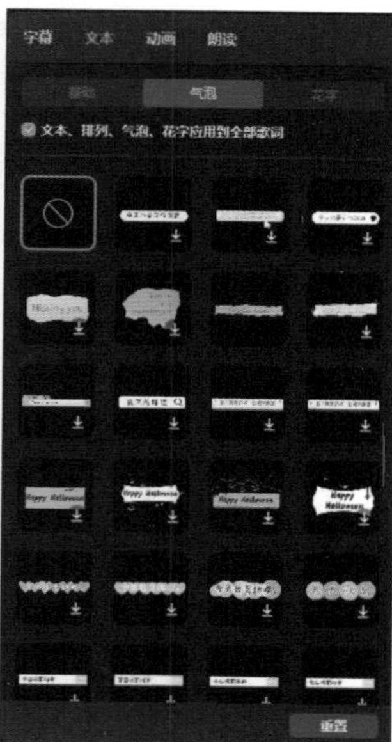

图A-38

文字的动画和视频的动画有所出入，选择“动画”有“入场”“出场”以及“循环”动画3个选项。

- 入场：设置文字入场时的动画，例如“向下飞入”“向上重叠”“模糊”等，单击即可应用，在底部可设置“动画时长”的参数，如图A-39所示。
- 出场：设置文字出场时的动画，例如“弹出”“生长”“故障打字机”等，单击即可应用，在底部可设置“动画时长”的参数，如图A-40所示。
- 循环：设置文字的循环动画，例如“波浪”“心跳”“闪烁”等，单击即可应用，在底部可设置动画的快慢，如图A-41所示。

选择“朗读”，设置朗读音色，单击“开始朗读”将文字转换为音频，如图A-42所示。

图A-39

图A-40

图A-41

图A-42

（4）贴纸轨道

选择贴纸轨道，在该区域中可选择“贴纸”和“动画”两个类别对该轨道进行细节调整。

选择贴纸，可设置贴纸的“缩放”“位置”以及“旋转”，如图A-43所示。

选择动画有“入场”“出场”以及“循环”动画3个选项。其中入场动画和出场动画一致，循环动画有所不同，单击即可应用，在底部可设置动画的快慢，如图A-44、图A-45所示。

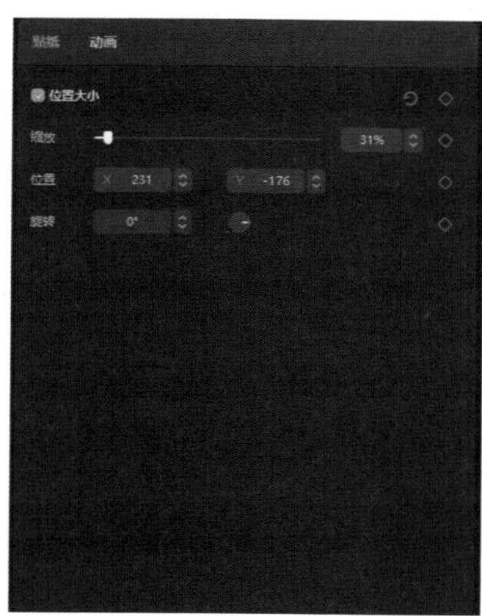

图A-43

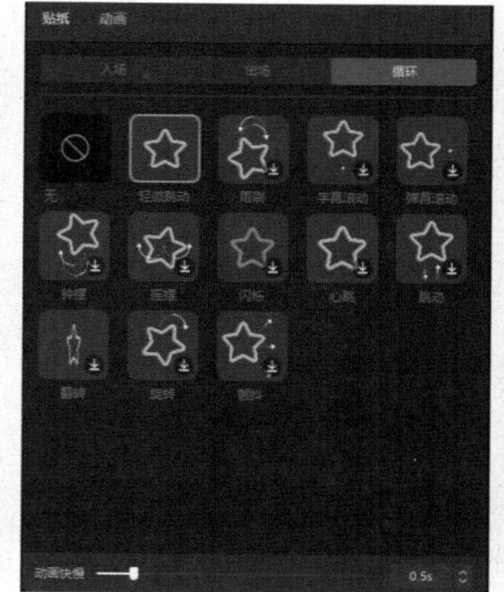

图A-44

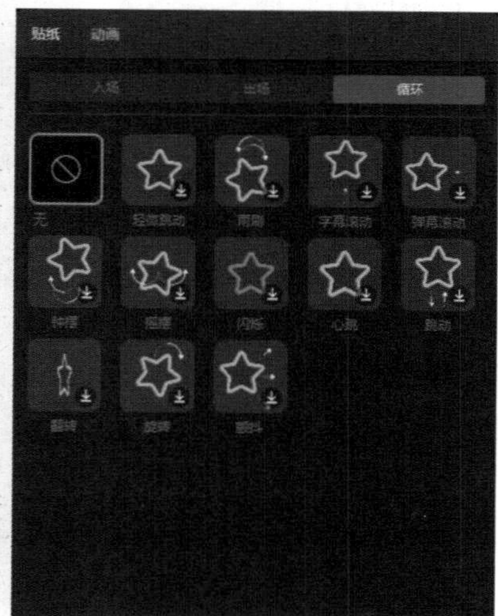

图A-45

A.4 常用功能区+时间线区域

常用功能区可以快速对轨道进行分割、删除、定格、裁剪等操作。时间线区域主要分为时间线、时间轴以及各种轨道，例如视频、文字、贴纸、音频等，如图A-46所示。在该区域中，选择轨道右击鼠标，可进行“复制”“剪切”“删除”“隐藏”“替换”“倒放”“定格”“镜像”“旋转”“裁剪”“识别字幕”等操作，按住Alt键多选轨道，右击鼠标可创建/取消组合。

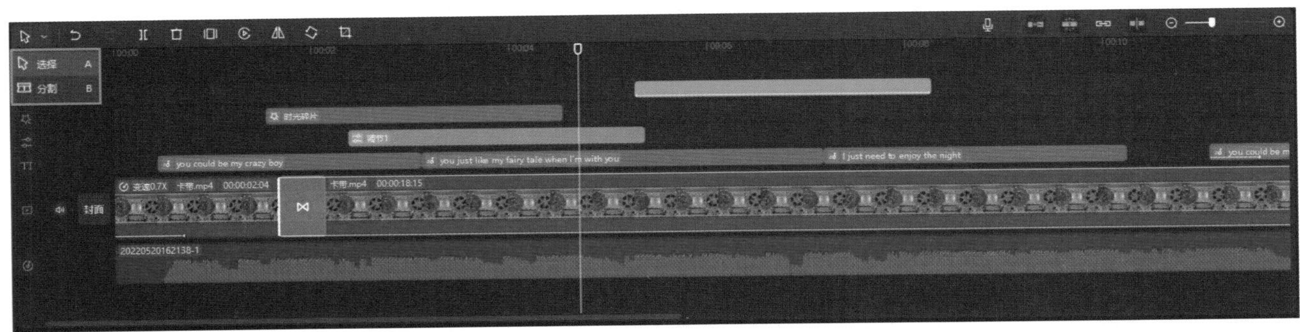

图A-46

常用功能区按钮的功能介绍如下：

● 选择：单击“”按钮可利用鼠标设置为选择或分割，当为分割时，单击即在当前位置进行分割，如图A-47所示。

图A-47

- 撤销/恢复：单击“”撤销操作，单击“”恢复操作。
- 分割：将时间线指针移动到合适位置，单击“”分割。
- 删除：选择目标轨道或片段，单击“”删除。
- 定格：单击“”定格，在时间线指针后方将生成时长为3s的独立静帧画面，如图A-48所示。

图A-48

- 倒放：单击“”倒放，系统自动将素材视频倒放。
- 镜像：单击“”镜像，视频画面水平翻转。
- 旋转：单击“”旋转，在播放器中按住“”自由旋转。
- 裁剪：单击“”裁剪，在弹出界面中拖动裁剪框可自由裁剪，单击“自由”，在弹出的菜单中可选择裁剪比例，如图A-49所示。在左下角拖动滑块可调整旋转角度，也可直接输入角度参数，如图A-50所示。

图A-49

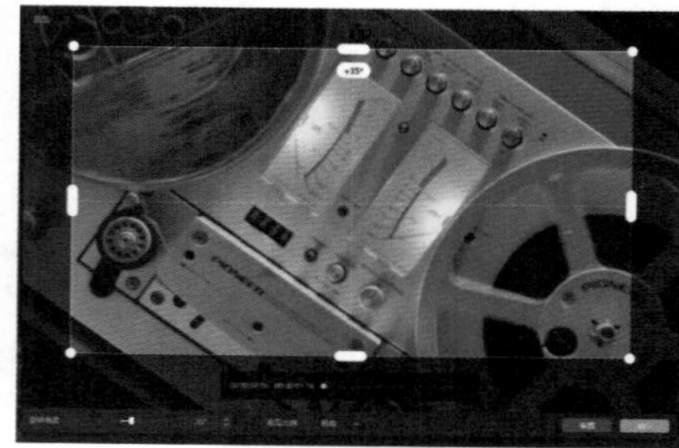

图A-50

- 录音：单击“”录音，录制完成后自动生成音频。
- 主轨磁吸：单击“”关闭主轨磁吸。
- 自动吸附：将素材自动对齐时间轴，单击“”关闭自动吸附。
- 联动：单击“”关闭联动，字幕不跟随视频。
- 预览轴：单击“”关闭预览轴。
- 时间线缩小/放大：单击“”时间线缩小；单击“”时间线放大。

在时间线区域中，单击“”关闭原声。单击“封面”可选择视频帧或本地上传照片，如图A-51所示。单击“去编辑”可选择模板或文本进行修饰调整，在模板中可选择“生活”“时尚”“影视”以及“美食”等类别的多种封面模板，单击即可应用，再次单击可更改文本样式，如图A-52所示。设置完成后单击“完成设置”即可。

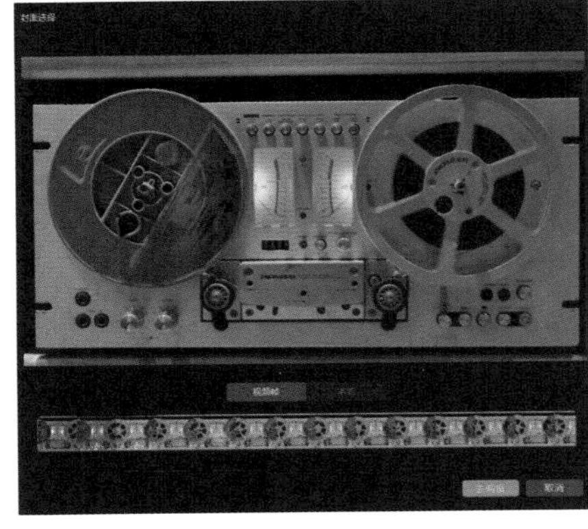

图A-51

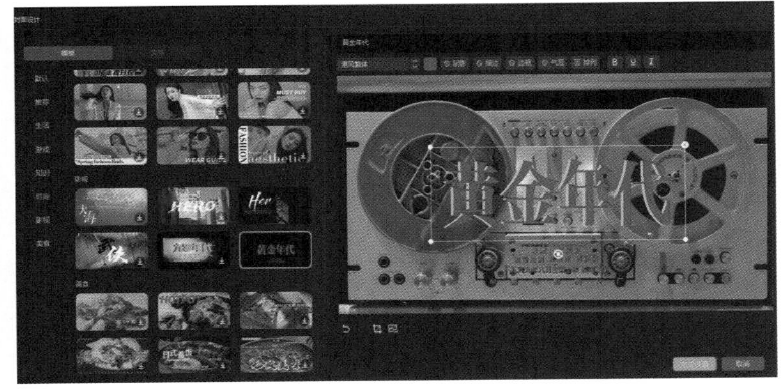

图A-52

A.5 导出

视频剪辑完成后，单击右上角“导出”按钮弹出“导出”界面，可设置“作品名称”“导出至”“分辨率”“码率”“编码”“格式”以及“帧率”，设置完成后单击“导出”按钮即可，如图A-53所示。

A.6 快捷键

在工作界面中单击右上角“快捷键”按钮可查看快捷键，如图A-54所示。

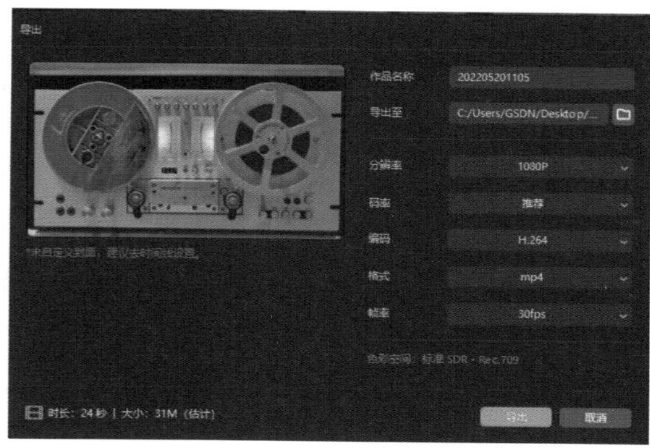

图A-53

快捷键

键位模式 Final Cut Pro X

功能	快捷键	功能	快捷键
分割	Ctrl B	联动开关	~
批量分割	Ctrl Shift B	预览轴开关	S
复制	Ctrl C	鼠标选择模式	A
剪切	Ctrl X	鼠标分割模式	B
粘贴	Ctrl V	播放/暂停	空格键
删除	Del	显示/隐藏片段	V
撤销	Ctrl Z	创建组合	Ctrl G
恢复	Ctrl Shift Z	解除组合	Ctrl Shift G
粗剪起始帧	I	新建草稿	Ctrl N
粗剪结束帧	O	导入媒体	Ctrl I
手动踩点	Ctrl J	分离/还原音频	Ctrl Shift S
上一帧	◀	全屏/退出全屏	Ctrl Shift F
下一帧	▶	取消播放器对齐	长按Ctrl
轨道放大	Ctrl +	切换素材面板	Tab
轨道缩小	Ctrl −	字幕拆分	Enter
时间线上下滚动	滚轮上下	字幕折行	Ctrl Enter
时间线左右滚动	Alt 滚轮上下	导出	Ctrl E
吸附开关	N	退出	Ctrl Q

图A-54

附录B 后期剪辑术语表

（1）剪辑

录屏——同步录制画面与声音。

脚本——拍摄视频时，所依据的由一定格式编写的可执行文件。通常指表演戏剧、拍摄电影等所依据的底本或者书稿的底本。

时间线区域——显示添加的素材以及对声音、封面等参数进行设置的区域。

轨道——存放视频、音频、文字等素材的地方。

关键帧——指角色或物体在运动或变化中的关键动作所处的那一帧。空白关键帧是没有任何对象存在的帧，主要用于在画面与画面之间形成间隔，它在时间轴上是以空心圆的形式显示，一旦在空白关键帧中创建了内容，空白关键帧就会自动转变为关键帧。

画中画——画中画是一种视频内容呈现方式，是指在一部视频全屏播出的同时，于画面的小面积区域上同时播出另一部视频，被广泛用于电视、视频录像、监控、演示设备等。

画面比例——即画面宽度和高度的比例，又名纵横比或者长宽比，标准的屏幕比例一般有4：3和16：9两种。

场——电视接收机中，电子束对一幅画面的奇数行或偶数行完成一次隔行扫描，叫作一场。奇数场和偶数场合为一帧完整画面。

蒙版——选框的外部，内部为显示部分，外部则是隐藏部分，可反转互换隐藏和显示部分。

字幕——影视作品后期加工的文字，一般出现在屏幕下方。

原声——视频中自带的声音。

降噪——移除音频中的噪声、杂声。

音效——由声音制造的效果。

踩点——踩视频的节奏点，卡住音乐的重音节奏点去填补画面，让视频声画同步，画面随着音乐的节奏变换。

特效——特殊的效果。通常是由计算机软件制作出的现实中一般不会出现的特殊效果。

转场——场景与场景之间的过渡或转换。

（2）后期调节

滤镜——实现图像的各种特殊效果的工具。

锐化——快速聚焦模糊边缘，提高图像中某一部位的清晰度或者焦距程度，使图像特定区域的色彩更加鲜明。

HSL——一种将RGB色彩模型中的点在圆柱坐标系中表示的方法，即色相（Hue）、饱和度（Saturation）、亮度（Lightness）。

- **色相**——色彩的相貌，是由原色、间色与复色构成的，主要用来区分颜色。
- **饱和度**——色彩的鲜艳程度，也称彩度或纯度。纯度是色彩感觉强弱的标志。
- **亮度**——色彩的明暗程度：一是同色相之间的明度变化，二是同色相之间的不同明度变化。也称明度。

光感——光和背景之间的明度差。

色温——表示光线中包含颜色成分的一个计量单位。

色调——一幅画中画面色彩的总体倾向，是大的色彩效果，通常为偏黄的暖，偏蓝的冷。

褪色——颜色失去鲜艳，变得暗淡。

暗角——对着亮度均匀景物，画面四角有变暗的现象。

颗粒——在一定色彩范围内的色彩变化，来自化学感光胶片的一种成像风格。

混合模式——用不同的方法将对象的颜色与底层对象的颜色混合。

- **正常**：该模式为默认的混合模式，使用此模式时，素材画面之间不会发生相互作用。
- **变暗**：选择基色或混合色中较暗的颜色作为结果色。
- **滤色**：将混合色的互补色与基色进行正片叠底。
- **叠加**：对颜色进行正片叠底或过滤，具体取决于基色。图案或颜色在现有像素上叠加，同时保留基色的明暗对比。
- **正片叠底**：将基色与混合色进行正片叠底。
- **变亮**：选择基色或混合色中较亮的颜色作为结果色。
- **强光**：该模式的应用效果与柔光类似，但其加亮与变暗的程度比柔光模式强很多。
- **柔光**：使颜色变暗或变亮，具体取决于混合色。若混合色（光源）比50%灰色亮，则图像变亮；若混合色（光源）比50%灰色暗，则图像加深。
- **线性加深**：通过减小亮度使基色变暗以反映混合色。
- **颜色加深**：通过增加二者之间的对比度使基色变暗以反映出混合色。
- **颜色减淡**：通过减小二者之间的对比度使基色变亮以反映出混合色。

（3）导出

为满足不同的输出要求，常用的视频导出格式有mp4以及mov格式。

- **mp4**：全称MPEG-4 Part 14，是一种使用MPEG-4的多媒体计算机档案格式，副档名为mp4，以存储数码音频及数码视频为主。
- **mov**：QuickTime影片格式，它是苹果公司开发的一种音频、视频文件格式，用于保存音频和视频信息。

分辨率——代表了图像所包含像素的多少，单位是ppi。以1080P为例，P指的是逐行扫描，画面分辨率为1920×1080。

编码——通过特定的压缩技术，将某个视频格式的文件转换成另一种视频格式文件的方式。常见的为h.264和HEVC。

帧率——可以理解为刷新率，画面每秒传输的帧数，单位是f/s。常见的帧率有24、25、30、50、60等。

码率——可以理解为取样率，单位时间内取样率越大，精度就越高，处理出来的文件就越接近原始文件，画面的细节就越丰富。

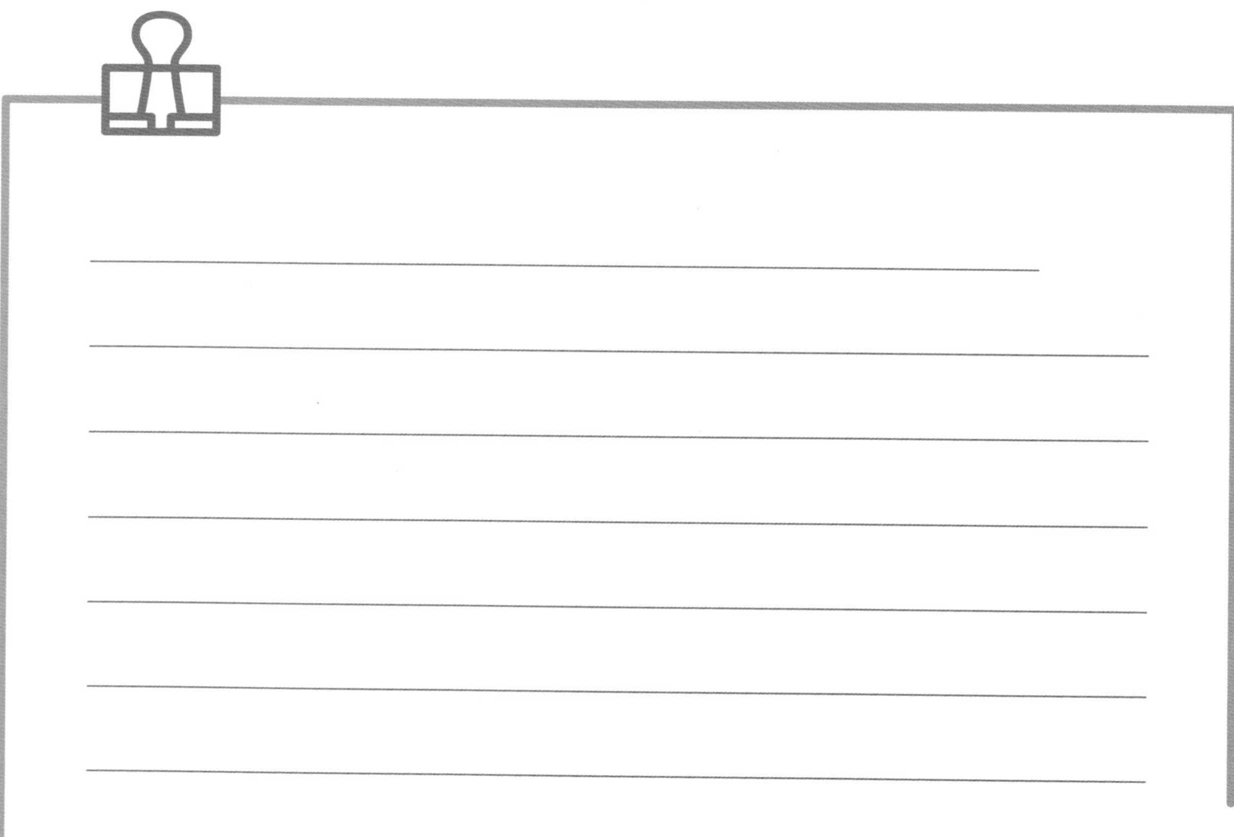

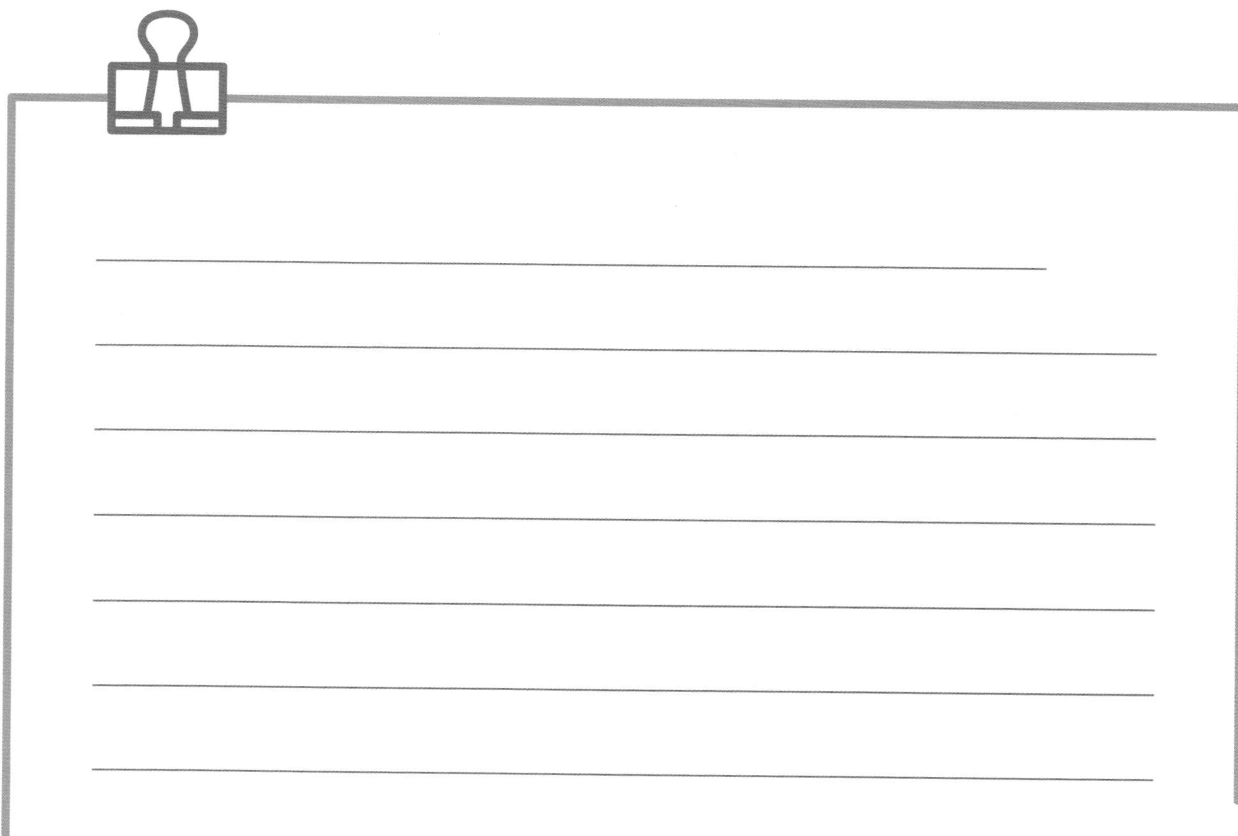

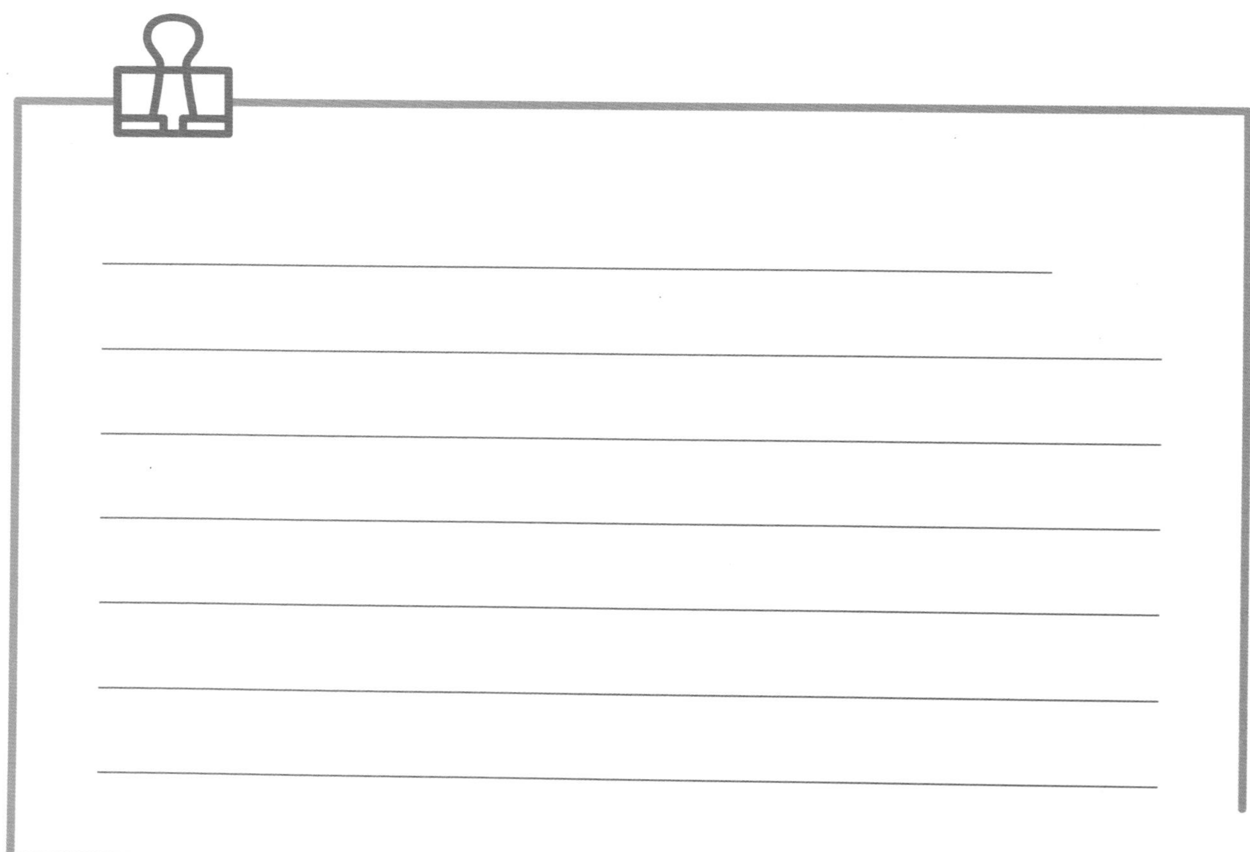